電子情報通信レクチャーシリーズ **D-23**

バイオ情報学

——パーソナルゲノム解析から生体シミュレーションまで——

電子情報通信学会 編

小長谷明彦　著

コロナ社

▶電子情報通信学会 教科書委員会 企画委員会◀

- ●委員長　　　　原島　　博（東京大学教授）
- ●幹事　　　　　石塚　　満（東京大学教授）
  （五十音順）　　大石　進一（早稲田大学教授）
  　　　　　　　　中川　正雄（慶應義塾大学教授）
  　　　　　　　　古屋　一仁（東京工業大学教授）

▶電子情報通信学会 教科書委員会◀

- ●委員長　　　　　　　辻井　重男（東京工業大学名誉教授）
- ●副委員長　　　　　　神谷　武志（東京大学名誉教授）
  　　　　　　　　　　宮原　秀夫（大阪大学名誉教授）
- ●幹事長兼企画委員長　原島　　博（東京大学教授）
- ●幹事　　　　　　　　石塚　　満（東京大学教授）
  （五十音順）　　　　　大石　進一（早稲田大学教授）
  　　　　　　　　　　中川　正雄（慶應義塾大学教授）
  　　　　　　　　　　古屋　一仁（東京工業大学教授）
- ●委員　　　　　　　　122名

(2008年4月現在)

「バイオ情報学-パーソナルゲノム解析から生体シミュレーションまで-
(電子情報通信レクチャーシリーズD-23)」 正誤表

頁	箇所	誤	正
18	図2.3	(図中 誤)	(図中 正) B:AA GG TT CC Match / G:AC CA GT TG BRGR… / O:AG GA TC CT BRGR… / R:AT TA GC CG TTACGTACGT / SNP(A→G) BRGR… / BGRR… / TTGCGTACGT / Error BRGR… / BRRR…
	図説の2行目	2塩基ごとに対応した	2塩基ごとの情報を符号化した
25	上から7行目	それぞれ, 374 355個, 137 526個, 17 217個の	合計 534 223個の
29	上から9行目	(Aalに関係しない)	(Aaに関係しない)
50	下から16行目	McClintick, j. N.	McClintick, J. N.
	下から5行目	既知遺伝子の間に	既知遺伝子の間の配列に
70	下から1行目	フラックスを	反応を
71	上から1～2行目	反応(フラックス)では,	反応では,
	上から3行目	このようなフラックスにおける	このような反応における
	下から1行目	フラックスに	反応に
72	上から3, 5, 14行目	V	v
	上から10行目	$SV=0$ であることを	$Sv_{ss}=0$ であることを
	上から10～11行目	フラックスの分布を	フラックスの分布 v_{ss} を
	下から6行目	$XS=0$ となる	$x_{ss}=0$ となる
	下から5, 6行目	X_{ss}	x_{ss}
73	図7.3ならびに図説	U, V, W	u, v, w
124	上から18行目	誤 http://mext-life.jp/genome/index.html (2009年3月現在) / 正 http://genomenetwork.nig.ac.jp/ (2009年6月現在)	
156	上から3～4行目	遺伝子変異解析, トランスクリプトーム解析,	ゲノム変異解析, 疾患関連遺伝子探索, トランスクリプトーム解析,
156	下から6行目	ゲノムから薬物相互作用解析までの	パーソナルゲノム解析から生体シミュレーションまでの

最新の正誤表がコロナ社ホームページにある場合がございます。
下記URLにアクセスして[キーワード検索]に書名を入力して下さい。
http://www.coronasha.co.jp

刊行のことば

　新世紀の開幕を控えた1990年代，本学会が対象とする学問と技術の広がりと奥行きは飛躍的に拡大し，電子情報通信技術とほぼ同義語としての"IT"が連日，新聞紙面を賑わすようになった．

　いわゆるIT革命に対する感度は人により様々であるとしても，ITが経済，行政，教育，文化，医療，福祉，環境など社会全般のインフラストラクチャとなり，グローバルなスケールで文明の構造と人々の心のありさまを変えつつあることは間違いない．

　また，政府がITと並ぶ科学技術政策の重点として掲げるナノテクノロジーやバイオテクノロジーも本学会が直接，あるいは間接に対象とするフロンティアである．例えば工学にとって，これまで教養的色彩の強かった量子力学は，今やナノテクノロジーや量子コンピュータの研究開発に不可欠な実学的手法となった．

　こうした技術と人間・社会とのかかわりの深まりや学術の広がりを踏まえて，本学会は1999年，教科書委員会を発足させ，約2年間をかけて新しい教科書シリーズの構想を練り，高専，大学学部学生，及び大学院学生を主な対象として，共通，基礎，基盤，展開の諸段階からなる60余冊の教科書を刊行することとした．

　分野の広がりに加えて，ビジュアルな説明に重点をおいて理解を深めるよう配慮したのも本シリーズの特長である．しかし，受身的な読み方だけでは，書かれた内容を活用することはできない．"分かる"とは，自分なりの論理で対象を再構築することである．研究開発の将来を担う学生諸君には是非そのような積極的な読み方をしていただきたい．

　さて，IT社会が目指す人類の普遍的価値は何かと改めて問われれば，それは，安定性とのバランスが保たれる中での自由の拡大ではないだろうか．

　哲学者ヘーゲルは，"世界史とは，人間の自由の意識の進歩のことであり，…その進歩の必然性を我々は認識しなければならない"と歴史哲学講義で述べている．"自由"には利便性の向上や自己決定・選択幅の拡大など多様な意味が込められよう．電子情報通信技術による自由の拡大は，様々な矛盾や相克あるいは摩擦を引き起こすことも事実であるが，それらのマイナス面を最小化しつつ，我々はヘーゲルの時代的，地域的制約を超えて，人々の幸福感を高めるような自由の拡大を目指したいものである．

　学生諸君が，そのような夢と気概をもって勉学し，将来，各自の才能を十分に発揮して活躍していただくための知的資産として本教科書シリーズが役立つことを執筆者らと共に願っ

ている．

　なお，昭和55年以来発刊してきた電子情報通信学会大学シリーズも，現代的価値を持ち続けているので，本シリーズとあわせ，利用していただければ幸いである．

　終わりに本シリーズの発刊にご協力いただいた多くの方々に深い感謝の意を表しておきたい．

　　2002年3月

電子情報通信学会　教科書委員会

委員長　辻　井　重　男

まえがき

　パーソナルゲノム解析が現実のものとなり，バイオ情報学は転機を迎えている．これまでは，種としてのゲノム解析が中心であったが，パーソナルゲノム解析においては，個人のゲノム上の変異が疾患や薬物応答にどのように影響するかが問題となる．超並列 DNA シークエンサーの出現により，個人ごとのゲノム配列を調べることが夢ではなくなった．高密度 DNA アレイや高感度質量分析計の開発により，トランスクリプトーム，プロテオーム，メタボロームといったオミックスデータをゲノムワイドに測定することも可能となった．膨大なオミックスデータを横断的に解析するためには，生命現象に関する用語と知識を体系化したバイオオントロジーが必要となる．生体分子がおりなす遺伝子発現ネットワーク，代謝ネットワーク，シグナル伝達ネットワークなどのバイオネットワークの動的な振舞いを理解するためには数理モデリングと数値シミュレーションが必要となる．

　本書では，このような観点から，パーソナルゲノム解析に焦点を当て，ゲノム上の変異と表現型の変異とを結ぶためのバイオ情報技術について述べている．本書はバイオ情報学の書籍であるが，具体的なアルゴリズムやツール類についてはほとんど述べていない．これは，情報学の視点からの生命現象の解析には限界があるという著者の信念による．アルゴリズムやツールはもちろん大事である．しかしながら，真の課題を解くためには，生物学の視点から適切な方法論や情報処理技術を選択できるだけの生命現象に関する知識をまず持つ必要がある．

　隠れマルコフモデル，サポートベクトルマシン，自己組織化マップなど，バイオ情報学に有用な情報処理技術はたくさんあるが，それらを使えば自動的にオミックスデータが解析できるというものではない．遺伝子発現ネットワーク，代謝ネットワーク，シグナル伝達ネットワークの解析が注目されているが，それらを解析すれば生体分子間の相互作用をすべて説明できるというわけでもない．工学的オントロジーとバイオオントロジーとでは何が違うのか．シミュレーションモデルは何ができて何ができないのか．ゲノム情報は薬の副作用の解析に本当に役に立つのか．これらの問題や問いかけに対する答えのヒントを本書の中から見いだしてもらえれば幸いである．

2009 年 5 月

小長谷　明彦

目　　次

1. はじめに

1.1　遺伝子情報学からパーソナルゲノム情報学へ ……………… 2
1.2　複雑系としての生命 ……………………………………… 3
1.3　本書の構成 ………………………………………………… 5
　本章のまとめ ………………………………………………… 8
　参考図書 ……………………………………………………… 8

2. パーソナルゲノム解析

2.1　パーソナルゲノム解析とは ……………………………… 14
2.2　高性能 DNA シークエンシング技術 …………………… 17
2.3　倫理的・法律的・社会的諸問題（ELSI）……………… 19
　本章のまとめ ………………………………………………… 20

3. ゲノム変異解析

3.1　ゲノム変異解析とは ……………………………………… 22
3.2　単一塩基多型（SNP）…………………………………… 23
3.3　塩基欠失変異（INDEL）………………………………… 24
3.4　遺伝子コピー数変異 ……………………………………… 25
3.5　高密度 DNA アレイ ……………………………………… 26
　談話室　三毛猫には，なぜオスがいないのか？ ………… 29
　本章のまとめ ………………………………………………… 30

4. 疾患関連遺伝子探索

- 4.1 疾患関連遺伝子探索とは …………………………………… 32
- 4.2 ゲノムワイド相関解析 ………………………………………… 33
- 4.3 分割表の χ^2 検定による有意性判定 ………………………… 34
- 4.4 多重検定問題 …………………………………………………… 37
- 談話室　みんなで引けば，くじ運が上昇する？ ………………… 37
- 4.5 FDR ……………………………………………………………… 38
- 4.6 糖尿病ゲノムワイド相関解析 ………………………………… 40
- 4.7 候補遺伝子探索 ………………………………………………… 42
- 本章のまとめ ……………………………………………………… 44

5. トランスクリプトーム解析

- 5.1 トランスクリプトームとは …………………………………… 46
- 5.2 遺伝子発現機構 ………………………………………………… 47
- 5.3 遺伝子発現解析 ………………………………………………… 49
- 5.4 expression QTL 解析 ………………………………………… 52
- 本章のまとめ ……………………………………………………… 54

6. プロテオーム解析

- 6.1 プロテオームとは ……………………………………………… 56
- 6.2 タンパク質間相互作用ネットワーク ………………………… 58
- 6.3 転写後発現調節 ………………………………………………… 61
- 6.4 診断バイオマーカ探索 ………………………………………… 62
- 本章のまとめ ……………………………………………………… 64

7. メタボローム解析

7.1 メタボロームとは ……………………………………………… 66
7.2 メタボローム解析手法 …………………………………………… 68
7.3 化学量論的行列解析 ……………………………………………… 70
7.4 メタボノミクス …………………………………………………… 75
談話室　グルコース取込みトランスポータ（GLUT）の k_m 値は
　　　　なぜ違う？ ………………………………………………… 77
本章のまとめ………………………………………………………… 77

8. オントロジー

8.1 オントロジーとは ………………………………………………… 80
8.2 参照オントロジーの設計思想 …………………………………… 82
8.3 オントロジー構築法 ……………………………………………… 84
本章のまとめ………………………………………………………… 89

9. モデリング

9.1 モデリングとは …………………………………………………… 92
9.2 Popperian モデル ………………………………………………… 96
9.3 Baconian モデル …………………………………………………… 98
9.4 遺伝子発現制御ネットワーク推定 ……………………………… 99
9.5 ネットワークモチーフ抽出 ……………………………………… 101
9.6 パラメータ最適化 ………………………………………………… 102
本章のまとめ………………………………………………………… 104

10. 薬物相互作用予測

10.1 薬物相互作用予測とは……………………………………… *106*
10.2 薬物相互作用オントロジー…………………………………… *110*
10.3 薬物動態モデルの自動生成…………………………………… *112*
10.4 仮想ポピュレーション………………………………………… *115*
本章のまとめ……………………………………………………… *118*

引用・参考文献 ……………………………………………………… *119*
用 語 解 説 ……………………………………………………… *135*
あ と が き ……………………………………………………… *155*
索　　　引 ……………………………………………………… *157*

1 はじめに

1.1 遺伝子情報学からパーソナルゲノム情報学へ

　1980年代までは，バイオ情報学（bioinformatics）の解析の対象は遺伝子，転写産物，タンパク質であり，ゲノム（genome）の概念はあったが，ゲノム配列の解析は微生物を含めてまだなされていなかった．配列の類似度から遺伝子の機能を予測するホモロジー検索，アミノ酸配列の機能部位を見つけるモチーフ検索，転写産物のRNA（ribonucleic acid）構造予測，タンパク質の二次構造予測などが中心的課題であった．いわば，遺伝子情報学の時代といえよう．

　1990年代に入ると，微生物のゲノム配列が公開され，遺伝子領域予測，比較ゲノムが始まった．タンパク質の立体構造データベースが充実してきたことから，立体構造予測の研究が本格化した．この時代は，ゲノム情報学の時代と呼んでもよいだろう．

　2000年代に入り，ヒトゲノム配列が公開されてから，単一塩基の変異（single nucleotide polymorphism：SNP）解析を中心に，ゲノムと疾患を結びつける研究が活発化した．ゲノム解析に触発されたトランスクリプトーム（transcriptome），プロテオーム（proteome），メタボローム（metabolome）などのポストゲノム解析（post genomics）が活発化し，遺伝子型と表現型を結ぶためにシステム生物学（systems biology）が注目を集めだした．更に，超並列DNA（deoxyribonucleic acid）シークエンサーの開発により，個人のゲノム配列の解析（personal genomics）が夢ではなくなった．パーソナルゲノム情報学の時代の到来である．

　本書の目的は，対象領域が拡大し，全貌が見えにくくなったバイオ情報学の全体像を一度整理し，パーソナルゲノム情報学の時代に向けて残された課題が何なのか，越えるべき壁は何なのか，それを越えるためには次に何をしなくてはならないのかを明確化することにある．バイオ情報学はまだ発展段階の学問であり，他の領域に比べて万人が認めるような確立した学問体系とはなっていない．できるだけ客観性を持たせつもりではあるが，本書の構成には著者の個人的な経験と知識が強く反映されていることをご容赦願いたい．また，最先端技術を幅広く紹介することに焦点をあてたため，個々のデータベースやツールについての説明や既に確立している配列解析，構造解析，データ解析の詳細については言及していない．

　バイオ情報学の基本的な技術については，既に多くの書籍が刊行されているので，本章末

の参考図書などを参考にして欲しい．また，バイオ情報学は学際的な領域なので異分野の基礎知識が要求される．巻末に英語名を索引とした用語解説をつけるなど，できるだけ自己完結することを心がけてはみたが，本書を読むにあたっては，解剖学，生理学，生化学，分子生物学，遺伝学，薬理学，確率・統計，システム論，非線形ダイナミックス，オントロジー，科学論に関する基礎知識があったほうが，理解が深まるであろうということで，各分野の代表的な参考図書を章末に掲げている．学部レベルの教科書，入門書あるいは解説書を一読するだけでも，理解の度合いは大きく違ってくる．バイオ情報学を目指す人はぜひとも，これらの参考図書を参照されたい．

1.2　複雑系としての生命

　バイオ情報学を進めるうえで大事なことは，扱っている生命現象を抽象化しすぎないことである．データベース中にあるゲノム情報は「文字列」であり，タンパク質の立体構造情報は「座標」である．酵素反応は「方程式」として抽象化されている．しかしながら，現実の生命現象は膨大な数の分子の相互作用が生み出す自然現象であり，自然現象としての物理的・化学的制約を受けている．生命現象を数学的な抽象データで表現した瞬間に，ともすれば，データ構造が一人歩きしてしまい，自然現象としての制約から逸脱してしまうおそれがある．バイオ情報学を進めるにあたっては，扱っているデータ構造が非常に複雑な生命現象のほんの一部しか表現していないということを常に意識しておく必要がある．

　細胞は数億から数百億の生体分子の相互作用から構成されている．各細胞には染色体があり，DNAの二重螺旋が解かれて転写され，リボソームによりタンパク質に翻訳される（図1.1）．遺伝子の数だけでも約2万5千個あり，それに匹敵する種類の代謝物が存在する．膨大な数と種類の生体分子が細胞内でひしめき合い，細胞質のイオン濃度を一定に保つために，イオンチャネルやイオンポンプが常に働いているというのが細胞の実体である．人の個体はそのような細胞が60兆個集まって構成されている．生命現象は分子サイズ（ナノメートル）から個体（メートル）までの空間レンジと，分子間相互作用（マイクロ秒）から寿命（年単位）までの時間レンジを持つ自然現象ということを理解しておく必要がある．

　細胞分裂やアポトーシスなどの生命現象は，膨大な自由度を持つさまざまな分子集団の相互作用が生み出す非線形-非平衡ダイナミックスである．生命を歯車や電子部品で構成された生命機械とみなしたり，飛行機や車のように，力を作用させれば運動を制御できるような

4　　1. は じ め に

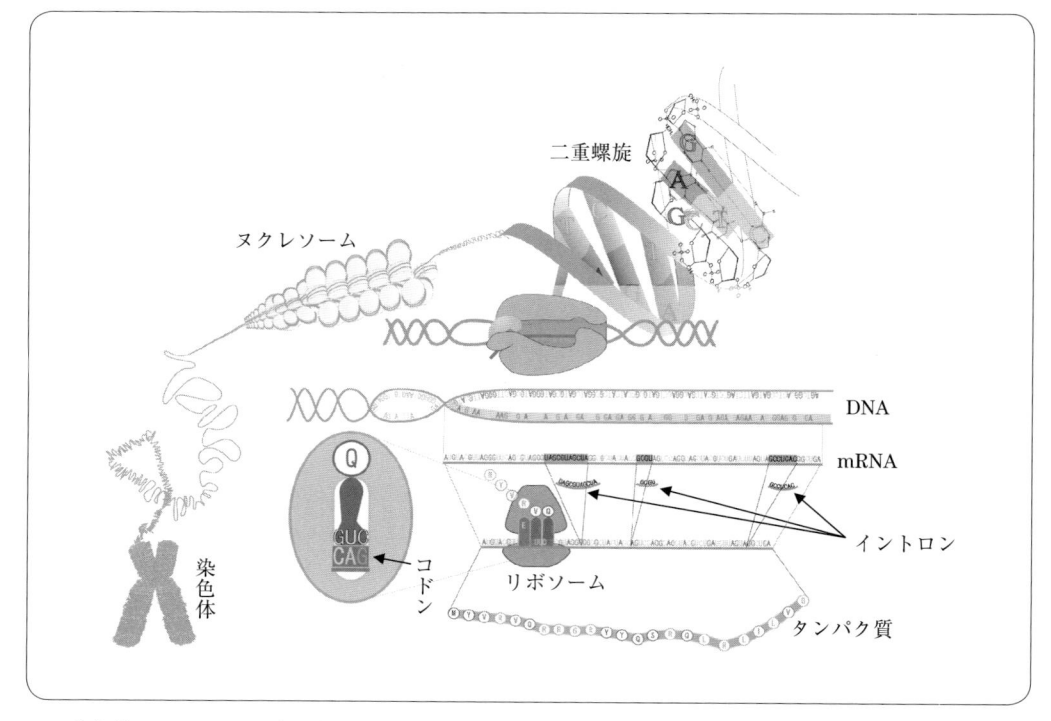

図中ラベル: 二重螺旋／ヌクレソーム／DNA／mRNA／イントロン／染色体／コドン／リボソーム／タンパク質

　　染色体は，DNA の二重螺旋がヒストンに巻きついたヌクレソームの並びで構成されている．DNA が解かれて mRNA が転写され，スプライシングによりイントロンが除去され，リボソームが塩基の三つ組であるコドンをアミノ酸に翻訳することでアミノ酸配列が生成される．このアミノ酸配列が折り畳まれてタンパク質となる．

図 1.1　遺伝子の発現機構

システムになぞらえたりするのは正しい理解の仕方ではない．むしろ，生命現象とは受精した時点から発生した自己複製パターンが，徐々に自己消滅して，最終的に熱的な定常状態（すなわち生命にとっては死）に至るまでのプロセスとして理解すべきである．生きていくためにエネルギーが必要なのは，定常状態から離れてとどまっているためである．言葉は悪いが，川下の滝に落ちないように必死に川上に向かって泳いでいる姿をイメージすればわかりやすいだろうか．

　このような視点に立てば，定常状態に向かって崩壊していく過程にあらがって静止していることすら困難であることは自明であろう．系の内部状態は常に変化しているので，同じ刺激に対して異なる応答が生じることも自然な現象として理解できる．人の場合，毎秒数百万個の細胞が入れ替わり，成人後の身体機能は毎年 1％ずつ落ちていくといわれている．生命現象はまさに複雑系そのものであるが，本書では，生命現象を非線形-非平衡系として解析する方法論についてはほとんど言及していない．むしろ，生命現象をできるだけ簡素化し，その骨格構造を理解するための方法論を中心に述べている．これは，国際ヒトゲノム計画以降に産出された膨大なオミックスデータ（OMICS data）が，多数の細胞の平均的な振舞い

しか観測していないからである．個々の細胞の生命現象は揺らいだり，遅れたりして非線形的な振舞いをしているが，多数の細胞の平均的な振舞いは比較的安定な挙動を示す．ただし，平均的な振舞いだけですべての生命現象を説明できるわけではないという認識が必要である．

生命現象を非線形－非平衡現象として扱うためのバイオ情報学をどう展開するかは今後に残された大きな課題の一つである．理論面では，チューリング（Turing, A.）の拡散反応方程式があるが，一般的には浸透していない．古典的なライフゲームやセルラーオートマトンを用いた自己複製パターンや進行パターンの研究は 1970 年代に既に提示されていたが，その生物学的意義を正しく理解していた人は少数であろう．生物の模様や生態系のように視覚的に時空間的な局在が判断できる現象のモデル化はともかく，生体内，細胞内での非線形－非平衡現象を扱うためには，時空間的な生体分子の局在を定量化する測定技術が必要となる．ショウジョウバエの多核性胞胚（はい）に代表されるように，発達段階においてはさまざまな非平衡現象が知られている．このような非線形－非平衡現象を定量化できるオミックス技術が出現したときに，バイオ情報学はまた新たなる方向に進展することになろう．

1.3 本書の構成

本書は，大きく分けて三つの分野から構成されている．2 章から 4 章までは，ゲノムの変異に焦点をあてており，5 章から 7 章まではポストゲノム研究の象徴である，トランスクリプトーム，プロテオーム，メタボロームなどのオミックスデータの解析技術について紹介している．8 章から 10 章までは，オミックスデータを横断的に解析するための情報処理技術として，オントロジーとモデリング技術に焦点をあて，最後に，ゲノムの変異と表現型を結ぶバイオ情報技術の例として，オントロジーとモデリング技術を統合した薬物相互作用予測システムについて紹介する．

2 章では，パーソナルゲノム解析時代に向けた DNA シークエンシング技術の現状と課題について述べている．近年の DNA シークエンシング技術の進展は目覚ましく，短い DNA 断片を超並列でシークエンスする技術の台頭により，従来のキャピラリー電気泳動法の数千倍，数万倍のスループットの向上が図られている．最終的に 1 000 ドルゲノムを目指した超並列 DNA シークエンシング（massively parallel DNA sequencing）技術の台頭は，これまでのゲノム解析とは全く異なる規模での大量データ処理，大量データ解析技術を必要とする．

3章では，ゲノムに内在する変異についてまとめている．ゲノムには，SNPに代表される点突然変異に加えて，さまざまな長さのDNA断片の挿入，削除，反転による変異（insertion and deletion：INDEL）が多数存在する．更に，数キロ塩基から数メガ塩基という大きな単位での変異により，遺伝子の数そのものが変異するコピー数変異（copy number variation：CNV）が注目を集めている．CNVはがん細胞ではよく知られていた現象であるが，正常細胞においても普遍的に生じていることが発見され，遺伝子コピー数多型（copy number polymorphism：CNP）と呼ばれている．これらの変異を解析する高密度DNAチップは数百万個のプローブセットを備えており，その解析には高度な情報処理技術が要求されている．

4章では，ゲノムワイドな変異解析と疾患との関連について述べている．高密度DNAチップの出現により，大規模なゲノムワイド変異解析が可能となり，統計的手法を用いた疾患関連遺伝子の相関解析が注目を集めている．相関解析の背景としては，観測されたデータの共通性に着目すれば法則性が見つけられるという「帰納法」の思想がある．しかしながら，このような法則性を統計的手法で見つけられるかどうかについては十分な検討が必要である．メンデルが雑種交配に規則性があることを発見できた背景には，安定した形質に関する深い考察と，2年間にわたる純系の確立，虫の混入や他種との交配が起きないように厳密に管理された実験農場という工夫があったことに留意しておく必要がある．ネコの毛に関していえば，全身を白くする遺伝子が優性の場合は，他の遺伝子の影響をすべて排除するし，シャムネコの手足の黒は温度感受性である．三毛猫に至っては，X染色体の不活化が部分的な配色に影響している．このように遺伝子と表現型との対応関係は実際には複雑に絡み合っているということをふまえたうえで，統計的手法をスクリーニングのためにどう使いこなしていくかを考える必要がある．

5章では，トランスクリプトームを解析するための解析手法とゲノム変異情報との相関を調べるeQTL（expression quantitative trait loci）について紹介する．高等動物の転写発現制御は極めて複雑であり，同一の遺伝子領域からさまざまなRNAが転写されている．複製開始地点も1箇所ではなく，どこからどこまでが遺伝子領域なのかの区分があいまいになるほどである．Soares, M.はトランスクリプトームのことをBorges, L.が描いた"The Book of Sand"のように，始まりも終わりもなく，開くたびに新しいページが追加される本のようだと表現したが，まさに言いえて妙である．eQTLは，トランスクリプトームとゲノムワイドな変異解析を結びつける有力な方法論である．ただし，その解釈においては，血液から採取した白血球の遺伝子発現プロファイルは，朝と夕方，男性と女性，年齢により発現パターンが変わるということも理解しておく必要があろう．

6章では，プロテオームの質量分析法による解析技術，タンパク質間相互作用ネットワー

ク，転写後発現調節及び診断バイオマーカ探索について紹介する．近年の質量分析法の進展は著しく，タンパク質発現の同定技術としてほぼ確立しつつある．解析ソフトウェアの開発及びペプチド配列参照データベースの拡充が活発化している．より本質的な課題としては，プロテオームデータの解釈が残されている．現実のタンパク質発現は転写後調節を含めダイナミックに変動する．酵素反応では活性状態にある酵素の量が問題となる．糖取込みトランスポータのように，細胞質から膜表面に移行することで活性化する膜タンパク質もある．プロテオームデータを正しく解釈するために，どのような情報や知識をどう組み合わせるかという情報統合技術が求められている．

7章では，メタボロームの解析技術に加え，化学量論的行列解析（stoichiometry matrix analysis），メタボノミクス（metabonomics）について紹介する．メタボロームはトランスクリプトームやプロテオームと比べ，まだ，技術的な課題が多く残されている．すべての代謝物を一度に観測する実験技術が確立していないことが根本的な要因の一つとしてあげられよう．また，多くの代謝反応が可逆であることも解析を困難なものとしている．化学量論的行列は定常状態における代謝ネットワークの振舞いをゲノムワイドに解析する技術として注目されている．メタボノミクスは個体レベルでの総合的な代謝の振舞いを解析する技術として注目されている．

8章では，gene ontology（GO）を中心としたバイオオントロジー技術について紹介する．バイオオントロジーは工学的オントロジーといくつかの点において設計思想が異なる．工学的オントロジーは概念の形式的記述，すなわち，概念と概念の関係性の定義を重視する．これに対し，バイオオントロジーでは，あいまいな「概念」を排除し，現実の生命現象のインスタンスの集合としてのクラス定義と厳格な意味定義を持つ関係のみを用いて構築されている．同じオントロジーという用語を用いているが，バイオオントロジーを工学的オントロジーの視点で理解しようとすると，その本質を見誤る可能性があるので注意が必要である．

9章では，生命現象をモデリングする際の方法論について紹介する．生命現象のモデリングは大きく分けて，経験的知識及び仮説から演繹的にモデルを構築するPopperianアプローチと，実験データから機械学習法を用いて帰納的にモデルを構築するBaconianアプローチがある．前者は生理学的モデル及び細胞周期など高次の生命現象のモデル化に多用されている．後者は，遺伝子制御ネットワークなど細胞内ネットワークのモデリングに多用されている．生命現象の解明に向けてモデリング技術への期待は高いが，現実の生命現象とのギャップは依然大きい．特に，パーソナルゲノム解析への応用を考えた場合は，個体差をシミュレーションにどう反映させるかが問題となる．

10章では，薬物の副作用の発生を題材に，オントロジーとモデリング手法を組み合わせた薬物相互作用予測システムについて紹介する．薬物相互作用（drug-drug interaction）が

起きるかどうかは薬物の組合せ，投与方法，生理学的条件，遺伝的変異に強く依存する．これらはすべて状況依存であり，事前にすべての組合せを人手でモデル化することは困難である．また，静的な薬物相互作用の予測だけでは不十分であり，相互作用の影響度を知るためには，薬物動態に関する動的な予測が不可欠である．この問題を解決するために，薬物相互作用のオントロジーから，薬物投与状況に応じて薬物代謝モデルを自動的に合成する方法論について紹介する．

本章のまとめ

　バイオ情報学は，国際ヒトゲノム計画完了後，パーソナルゲノム解析時代を迎え，主たる研究対象は細胞レベルから個体レベルへと急速に拡大しつつある．このため，バイオ情報学を理解するためには，分子生物学だけでなく，生理学及び生化学を含めた幅広い知識が要求されるようになった．扱うデータも，ゲノム，トランスクリプトーム，プロテオーム，メタボロームと多階層にわたり，このようなオミックスデータを横断的に解析するための情報処理技術として，オントロジーやシミュレーションモデルが注目を集めている．

❶ **bioinformatics：バイオ情報学**：分子から個体までの生命現象を対象とした情報処理技術

❷ **OMICS data：オミックスデータ**：ゲノム，トランスクリプトーム，プロテオーム，メタボロームなど，ゲノムワイドに解析されたデータの総称

❸ **post genomics：ポストゲノム解析**：ゲノムだけでなく，遺伝子発現やタンパク質発現，代謝ネットワークなど生命現象をゲノムワイドに研究する学問領域

❹ **personal genomics：パーソナルゲノム解析**：個人のゲノムの変異情報を健康や医療に生かすためのゲノム科学の一分野

参考図書

（バイオ情報学）

中村 保一，磯合 敦，石川 淳：バイオデータベースとウェブツールの手とり足とり活用法，羊土社（2003）．（内容はやや古いが，ツールをどのように使うかを図解している）

藤 博幸：はじめてのバイオインフォマティクス，講談社サイエンティフィック（2006）．（バイオ情報学の基本概念についてわかりやすく説明している）

岡崎 康司，坊農 秀雄：ゲノム情報はこう活かせ，羊土社（2005）．（ゲノム配列やマイクロアレイなどの実験データの実践的解析法について述べている）

藤 博幸：タンパク質機能解析のためのバイオインフォマティクス，講談社サイエンティフィック（2004）．（相同性解析，モチーフ解析，相互作用解析の手法について紹介している）

阿久津 達也：バイオインフォマティクスの数理とアルゴリズム，共立出版（2007）．（DPマッチング，多重アラインメント，RNA二次構造予測などを紹介している）

渋谷 哲朗，坂内 英夫：バイオインフォマティクスのためのアルゴリズム入門，共立出版（2007）．（グラフアルゴリズム，クラスタリング，隠れマルコフモデルなどについて紹介している）

屋比久 友秀：バイオインフォマティクスプログラミング，秀和システム（2005）．（Perl, Ruby, Python, Java によるツール構築について紹介している）

松尾 洋：バイオプログラミング，オーム社（2005）．（C++ による実践的なデータ解析プログラムを多数紹介している）

岸野 洋久，浅井 潔：生物配列の統計――核酸・タンパクから情報を読む，岩波書店（2003）．（統計学の観点から，相同性解析，連鎖解析，隠れマルコフモデルなどの配列解析手法やアルゴリズムについて紹介している）

高木 利久：東京大学バイオインフォマティクス集中講義，羊土社（2004）．（生命科学とバイオ情報学の全体像がわかるように書かれている）

Kanehisa, M.: Post-Genome Informatics, Oxford University Press（1999）．（内容はやや古いが，ポストゲノム時代のバイオ情報学の姿を描いている）

小長谷 明彦：遺伝子とコンピュータ，共立出版（2000）．（内容はやや古いが，バイオ情報学を初心者にもわかるように紹介している）

（解剖学）

坂井 建雄：よくわかる解剖学の基本としくみ，秀和システム（2006）．（予備知識なしで人体の全体的構成が理解できる）

堺 章：目でみるからだのメカニズム，医学書院（1994）．（イメージ図が豊富でわかりやすい）

（生理学）

當瀬 規嗣：よくわかる生理学の基本としくみ，秀和システム（2006）．（人体の基本機能を理解するのに有用である）

吉岡 利忠（監修）山田 茂，後藤 勝正（共編）：分子の目で見た骨格筋の疲労，ナップ（2003）．（運動生理学の立場から全身運動と代謝ならびに代謝関連遺伝子の働きについて理解できる）

島本 和明：メタボリックシンドロームと生活習慣病，診断と治療社（2007）．（メタボリックシンドロームに糖代謝及び脂質代謝がどのようにかかわっているか理解できる）

児玉 龍彦，仁科 博道：システム生物医学，羊土社（2005）．（生命現象を制御の束とみなし，細胞の系譜（cell map）と多重フィードバックの観点からオミックスと疾患との関係について述べている）

Keener, J. and Syneyd, J.（共著）；中垣 俊之（監訳）：数理生理学（上）（下），日本評論社（2005）．（生理学のモデリングに興味ある人はこの本から始めるとよい）

（生化学）

池田 和正：トコトンわかる基礎生化学，オーム社（2006）．（糖代謝，脂質代謝，アミノ酸代謝の関係がよくわかる）

1. はじめに

(分子生物学)

井手 利憲：分子生物学講義中継シリーズ Part 0 上下，1, 2, 3，羊土社（2006）．（分子生物学を全体的に理解するのによい）

Petsko, G. A. and Ringe, D.（共著）横山 茂之（監訳），宮島 郁子（訳）：タンパク質の構造と機能，メディカル・サイエンス・インターナショナル（2005）．（構造生物学の立場からタンパク質の構造と機能について述べている）

服部 成介：シグナル伝達入門，羊土社（2002）．（シグナル伝達にかかわる遺伝子群とその働きについてわかりやすく解説している）

Fersht, A.: Structure and Mechanism in Protein Science, Freeman（1999）．（タンパク質の構造と機能の関係に興味ある人はこの本から始めるとよい）

(遺伝学)

Barnes, M. R. and Gray, I. C.（Ed.）: Bioinformatics for Genetics, Wiley（2003）．（遺伝学に必要なバイオインフォマティクス技術について述べている）

鎌谷 直之（編）：ポストゲノム時代の遺伝統計学，羊土社（2001）．（やや古いのが難点であるが，ゲノムワイド変異解析について詳しく述べている）

埼谷 満：DNA でたどる日本人10万年の旅，昭和堂（2008）．（日本人のルーツがよくわかる）

メンデル, G. J.（著）；岩槻 邦男，須原 準平（共訳）：雑種植物の研究，岩波書店（1999）．（メンデルの法則が観察からの帰納法で発見されたのではなく，理論を実証するための周到な実験計画の結果として発見されたことがわかる）

仁川 純一：ネコと遺伝学，コロナ社（2003）（ネコの毛色の遺伝子について詳しい）

(薬理学)

田中 正敏：薬はなぜ効くか，講談社（1998）．（ナース，薬剤師のために書かれた啓蒙書であり，予備知識なしで読める）

ブローディ, H.（著）；伊藤 はるみ（訳）：プラシーボの治癒力，日本教文社（2004）．（偽薬でおよそ3割の患者が治癒するというプラシーボ現象について述べている）

加藤 隆一，鎌滝 哲也（共編）：薬物代謝学 医療薬学・毒性学の基礎として，第2版，東京化学同人（2000）．（薬物代謝全般に関する基礎知識を得るのによい）

日本薬学会（編），杉山 雄一（編集代表）：次世代ゲノム創薬，中山書店（2003）．（ゲノム創薬全般についてまとめてある）

杉山 雄一，山下 伸二，加藤 基浩（共編）：ファーマコキネティクス，南山堂（2003）．（薬物動態シミュレーションモデルの構築法について詳しく述べている）

(確率・統計・情報量基準)

永田 靖：統計的方法のしくみ，日科技連出版社（1996）．（確率・統計の基礎についてわかりやすく説明している）

永田 靖，吉田 道弘：統計的多重比較法の基礎，サイエンティスト社（1997）．（多重比較法の考え方についてわかりやすく説明している）

浜田 知久馬：学会・論文発表のための統計学，真興交易医書出版部（1999）．（生医学データを統計的に扱う際の問題についてわかりやすく説明している）

東京大学教養学部統計学教室（編）：自然科学の統計学，東京大学出版会（1991）．（自然現象を扱う際の統計的モデルの構築法について詳しい）

室田 一雄，土屋 隆（共編）：赤池情報量基準AIC——モデリング・予測・知識発見——，共立出版（2007）．（良い予測を与える数理モデルを学習するための理論について述べている）

（システム論）

ウィーナー，N.（著），鎮目 恭夫，池原 止戈夫（共訳）：人間機械論第2版新装版——人間の人間的な利用．みすず書房（2007）．（原著は1950年発刊，訳本は1979年に改訂版を発刊．2007年に新装版が発刊され，入手可能となった．原題は「The Human Use of Human Beings——Cybernetics and Society」であり，人間機械論という表題はサイバネティクスの意図を誤解させるようで適切ではない．人間は機械と同じだという意味ではなく，サイバネティクスの観点からフィードバック制御と情報理論を用いた知的計算システムが台頭してきたときに，人間が人間らしく振る舞うにはどうすればよいかを警告した啓蒙書である）

フォンベルタランフィ，L.（著），長野 啓，太田 邦昌（共訳）：一般システム理論，みすず書房（1973）．（原著は1968年発刊．1930年代に「システム」という言葉を最初に提案したフォンベルタランフィの基本思想について述べている．生命をシステムとしてとらえるときの課題について深く議論している）

畠山 一平：生物サイバネティクスI, II, 朝倉書店（1989）．（フィードバック制御という視点から，細胞レベルから生物集団レベルまでの生体調節のメカニズムについて述べている．第I巻は情報技術としてサイバネティクスであるが，第II巻はサイバネティクスによる生物のさまざまな現象のモデリング方法について紹介している．生命学者の視点からみたときに，何が良いモデリングで何が物足りないモデリングなのかのコメントがあるので参考になる）

北野 宏明，竹内 薫：したたかな生命，ダイヤモンド社（2007）．（システムバイオロジーが目指すロバストネスの考え方を生命システム，工学システム，社会システムにおけるさまざまな例を用いて説明している）

Palsson, B. O.: Systems Biology, Cambridge University Press（2006）．（化学量論行列を用いた細胞内の代謝ネットワークの再構築法について紹介している）

Fell, D.: Understanding the Control of Metabolism, Portland Press（1997）．（代謝モデルの定番的教科書．Metabolic Control Analysisについて学べる）

Voit, E. O.: Computational Analysis of Biochemica Systems, Cambridge University Press（2000）．（S-systemに興味のある人はこの本から始めるとよい）

（非線形ダイナミックス）

金子 邦彦：生命とは何か，東京大学出版会（2003）．（複雑系の観点から生命現象を解明するうえで何が問題となるのかを述べている）

松下 貢（編）：生物にみられるパターンとその起源，東京大学出版会（2005）．（反応拡散方程式によるバクテリアコロニー形成や蝶や魚の模様形成について紹介している）

三村 昌泰（編）：パターン形成とダイナミクス，東京大学出版会（2006）．（反応拡散方程式を中心に非線形-非平衡現象の数理モデルについて紹介している）

アリグッド，K.T. サウアー，T.D. ヨーク，J.A.（共著）：津田 一郎（監訳）：カオス——力学系入門①〜③，シュプリンガー・ジャパン（2007）．（原著は1997年．カオスの第一人者による力学系

の教科書．非常によくまとまっており読みやすい）

(オントロジー)

溝口 理一郎：オントロジー工学入門，オーム社（2004）．（オントロジー工学の第一人者による入門書）

神崎 正英：セマンティック・ウェブのための RDF/OWL 入門，森北出版（2005）．（OWL を理解するために必要な URI，XML，RDF が一冊にまとまっている）

(科学論)

ポパー，K.（著）：小河原 誠，蔭山 泰之，篠崎 研二（共訳）：実在論と科学の目的（上，下），岩波書店（2002）．（反証可能性と演繹法に基づく科学哲学を展開している．帰納法や確率モデルの問題点を哲学者の視点から指摘している）

2 パーソナルゲノム解析

　2003年4月に15年の歳月と30億ドルの研究費を費やした国際ヒトゲノム計画（IHGSC）が完了し，人類の共通財産である約30億塩基対のゲノム情報がアデニン（A），チミン（T），グアニン（G），シトシン（C）という塩基レベルで解読された．国際ヒトゲノム計画完了後，ゲノム解析技術は更に加速化し，いまや，パーソナルゲノム解析（personal genomics）の時代が訪れようとしている．

　本章では，パーソナルゲノム解析の現状と，それを支える超並列DNAシークエンシング（massively parallel DNA sequencing）技術及び倫理的・法律的・社会的諸問題（ethical, legal, and social issue : ELSI）に関して述べる．

2.1 パーソナルゲノム解析とは

　20世紀初頭，ワトソン（Watson, J. D.）とクリック（Crick, F.）がDNAの二重螺旋を発見してからおよそ50年後に，人類は約30億塩基対からなるDNA配列をアデニン（adenine：A），チミン（tymine：T），グアニン（guanine：G），シトシン（cytosine：C）という塩基レベルで解読した［IHGSC 2001, Venter 2001, IHGSC 2004］†．世界中のゲノム研究者が協力し，15年の歳月と総額30億ドルを超える研究費を費やした国際ヒトゲノム計画は，ヒトの持つ約30億塩基対のDNA配列を99.99％の精度で解読し，全人類の財産として公開した．2008年に公開されたHuman Genome Build 36では，配列長は2 858 160 000塩基対，32 921個の遺伝子領域（gene region）が同定されている．

　ヒトゲノム配列が解読できたのは，DNAシークエンサーの性能が国際ヒトゲノム計画期間中に大幅に向上したことが大きい．DNA配列をA, T, G, Cという塩基レベルで読み出すことが可能となったのは1970年代のことである．DNA配列を読み取る手法として，DNA断片を切断しながら読み取るマクサム・ギルバート法（Maxam-Gilbert）［Maxam 1976］と，DNA断片を合成しながら読み取るサンガー法（Sanger）［Sanger 1977］が提案された．当時のDNA読取り技術は，数十塩基を正確に読み取れたかどうかという状況であった．このDNA読取り手法を精密機械技術で「自動化すればゲノム情報の解読も可能である」というコンセプトを最初に提案したのは日本の和田昭允（初代ゲノム科学総合研究センター所長）である［Wada 1983, Wada 1984］．このコンセプトに刺激され，1980年代後半より，米国において，国立衛生研究所（NIH）とエネルギー省（DOE）がヒトゲノム解析プロジェクトを発足し，全世界的な国際ヒトゲノム計画（IHGSC）へと展開していった．国際ヒトゲノム計画の推進力となったのは，サンガー法を発展させたキャピラリー電気泳動法（capillary electrophoresis：CE）である．内径100 μm以下の中空キャピラリー（毛細管）の中でDNA断片を電気泳動させることにより，1 000塩基長程度までの比較的長いDNA断片を精度良くシークエンシング（sequencing）することができた．国際ヒトゲノム計画完了時点でのDNAシークエンサーはキャピラリーの数を96本と増やすことにより，ハイスループットなDNAシークエンシングを実現していた．

---

　† ［　］で囲んだ一回り小さい文字は，巻末の引用・参考文献を表す．

国際ヒトゲノム計画の完了は，20世紀最大の偉業の一つといわれているが，それはゲノム科学の終わりではなく，医学，薬学などにおいてゲノム情報を活用し，人類に貢献するための序章でしかないという [Lincoln 2004]．NIH は，国際ヒトゲノム計画終了後，直ちに，ゲノム情報を医療や健康増進に役立てるための将来ビジョンを発表した [Collins 2003a]．この将来ビジョンでは，国際ヒトゲノム計画が土台となり，その上にゲノム生物学（genome to biology），ゲノム医科学（genome to health），ゲノム社会学（genome to society）の階層が描かれている．そして，これらの階層を支える柱として，資源共有（resource），技術開発（technology development），計算生物学（computational biology），研修（training），倫理的・法的・社会的問題（ELSI），教育（education）の重要性を指摘している．このようなゲノム配列情報を現実の医療や健康増進に役立てるためには，具体的には何が必要なのであろうか？．この答えの一つとして，Nature の technology editor の一人である Blow, N. は 2007 年にパーソナルゲノム解析をあげている [Blow 2007].

これまでに，二人のパーソナルゲノムが解析され，インターネット上で公開されている．一人は，元セレラ社の Craig Venter のゲノム（CVG）であり，もう一人は，国際ヒトゲノム計画の初代リーダーである James Watson のゲノム（JWG）である．CVG と JWG の最大の違いはコストと精度のトレードオフにある．CVG は，できるだけ高い精度のパーソナルゲノムを解読することを目的としており，費用はかさむが精度の高いキャピラリー電気泳動法（サンガー法）を採用した．これに対し，JWG は，精度はやや劣るが費用対効果の高い超並列 DNA シークエンサーを採用している．以下，ベンターゲノムに関する報告 [Levy 2007] をもとに，パーソナルゲノムの特徴について記す．

CVG は，セレラ社がゲノム配列を解読したときと同じ全ゲノムショットガン法（genome shotgun method）[Istrail 2004] を採用している．すなわち，全ゲノムを一度ランダムな DNA 断片に分断し，各断片をシークエンシングして，得られた配列情報の集合をコンピュータを用いて並べ替えることでゲノム配列を再構築する方法である．CVG では，全体で約 3 千 2 百万本，約 28 億 1 千万塩基対の DNA 配列をシークエンシングした．この DNA 配列の被覆率（coverage）は 7.5 倍であり，セレラ社で以前解析したゲノム配列（5.3 倍）よりも精度が良いという．国際ヒトゲノム計画でシークエンシングしたゲノム配列及びセレラ社でシークエンシングしたゲノム配列との詳細な比較から，変異の箇所は 410 万箇所以上，変異している塩基の総数は 1 230 万塩基にも及ぶことが明らかとなった．この中には，3 百万個以上の単一塩基多型（single nucleotide polymorphism：SNP）などの点突然変異をはじめ，INDEL（insertion and deletion）と呼ばれる約 56 万個に及ぶ 1 塩基から 82 711 塩基までの挿入（insertion）及び欠損（deletion），62 箇所の遺伝子領域の増幅（gain）及び欠失（loss）を伴うコピー数変異（copy number variation：CNV）が含まれている．これらの変異

による個人差はゲノム全体では 0.5% に及び，遺伝子数では約 44% の遺伝子が何かしらの変異を持っているという．SNP 解析からは，心臓病，アルツハイマー症，ニコチン依存症と相関のある遺伝子変異が見つかっている．特筆すべきことは，多数の新規の遺伝子変異が発見されたということである．このことは，ゲノム上の変異をすべて同定するためには，既存の SNP を調べるだけでは不十分であり，最終的には個人のゲノム配列のシークエンシングが必要なことを示唆している．

では，個人のゲノム配列をシークエンシングする費用はいくらかかるのだろうか．国際ヒトゲノム計画を開始した時点では，1 塩基を読み取るのに 1 ドルかかるといわれていた．このシークエンシングコストは，プロジェクト終了後には 1 000 倍以上改善されていた［Collins 2003b］．キャピラリー電気泳動法の DNA シークエンシングの精度はおよそ 99.7% なので，SNP の判定に必要な 99.99% の読取り精度を実現するためには，少なくとも，3 倍のカバレージ，すなわち，全ゲノム配列の 3 倍のシークエンスが必要となる．かりに，1 000 塩基当り 1 ドルでシークエンシングできたとしても，ヒトの染色体は 2 倍体なので，総塩基数は最低でも 180 億塩基となる．したがって，キャピラリー電気泳動法を用いた場合には 1 人当りのゲノム解析のコストは 1 000 万ドル（約 12 億円）から 2 500 万ドル（約 30 億円）となる．

パーソナルゲノム解析を実現するためには，健康予防などの予診としての対費用効果を考えた場合，1 人当りの費用は 1 000 ドル以下だろうと見積もられている［Service 2006］．Shendure らは 1000 ドルゲノム（\$1000 genome）を実現するために必要なシークエンシング技術の性能について興味深い見積もりを行った［Shendure 2004］．かりに DNA シークエンシングの精度を 95% まで落とした場合，キャピラリー電気泳動法と同程度の精度を実現するためには，ヒトのゲノムの 2 倍体の 6.5 倍の DNA 配列（総塩基数で約 400 億塩基）のシークエンシングが必要となる．400 億塩基のシークエンシングを 1 000 ドルで実現するためには，4 000 万塩基を 1 ドルでシークエンシングする必要がある．すなわち，国際ヒトゲノム計画で用いられたキャピラリー電気泳動法の 10 000 倍以上の効率化が必要であるという．

このようなけた違いの効率化を実現するために，短い DNA 断片を並列に読み取る超並列 DNA シークエンサーの開発が進められ，一部，商用利用が始まっている［Mitchelson 2007］．Watson, T. のゲノムは超並列 DNA シークエンサーの一つである 454 システムを用いて解析されており，その費用はおよそ 2 百万ドル（約 2.4 億円）といわれている［Singer 2007］．ハーバード大学では 10 万人のパーソナルゲノムを解析するプロジェクトが提案されており，パイロットモデルとして，超並列 DNA シークエンサー SOLID を用いた 10 人分の全ゲノムリシークエンシング（resequencing）プロジェクトが始まっている［Blow 2007］．また，英国サンガーセンター，北京ゲノムセンター，米国 NHGRI は国際 HapMap 計画のサンプル 270 人を含む 1 000 人分のゲノムを解読するプロジェクト（the 1 000 genome project）を 2008 年 1

月に発足させた．パーソナルゲノム解析時代の幕開けは確実に近づいている．

2.2 高性能 DNA シークエンシング技術

　高性能 DNA シークエンシング技術には，キャピラリー電気泳動法（サンガー法）を効率化するアプローチと，全く異なる原理に基づく超並列 DNA シークエンシング法の二通りがある［Mitchelson 2007］．微細加工技術を用いれば，同時に電気泳動できるレーンの数を 768 本と大幅に増やすことができ，現在のキャピラリー電気泳動法と同程度の品質で 10 倍近くの性能向上が達成できるという［Aborn 2005］．マイクロデバイスを用いてサンガー法に必要な温度サイクル，サンプル精製，電気泳動機構をガラスウェーハ上に集約した lab-on-chip を実現すれば，必要な試薬の量を 1 000 分の 1 以下に減らせるため，シークエンシングコストもキャピラリー電気泳動法の数百分の 1 に改善できる可能性があるという［Blazej 2006］．

　一方，超並列 DNA シークエンシング法では，読み取る DNA 断片の長さを数十塩基から数百塩基程度に制限し，数十万個から数百万個以上の DNA 断片を並列にシークエンシングすることにより飛躍的なシークエンシングコストの低減を実現している［Mitchelson 2007］．

　2008 年時点で商用化されている超並列 DNA シークエンシング法には，パイロシークエンシング法（pyrosequencing），合成によるシークエンシング法（sequencing by synthesis），連結によるシークエンシング法（sequencing by ligation）の三つがある．パイロシークエンシング法（図 2.1）ではルシフェラーゼ（luciferase）による発光を利用する［Margulies

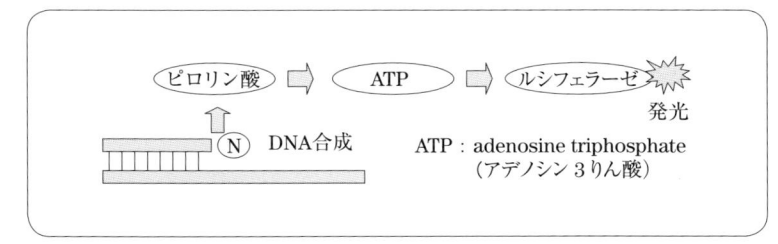

　パイロシークエンシング法は，DNA 合成時に派生するピロリン酸を利用して ATP を合成し，ATP のエネルギーでルシフェラーゼを発光させることで A, T, G, C のどの塩基が合成されたかを CCD カメラを用いて測定する．同一の塩基が連続している場合，DNA 伸長が連続的に生じるため長さに比例して ATP 産出も増え，結果的に長さに比例した強度のシグナルとして観測される．このため，AAAAAA や AAAAA のように同一の塩基が連続している領域を正確にシークエンシングすることは原理的に難しい．

図 2.1　パイロシークエンシング法

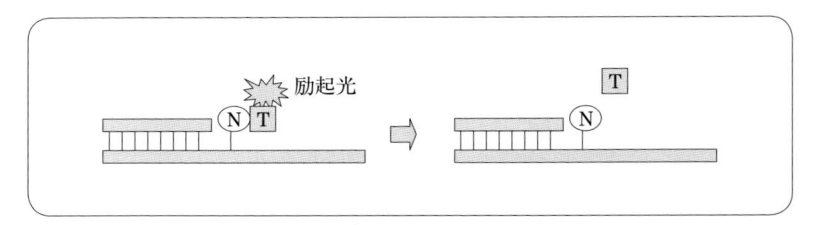

1塩基ずつの停止と伸張が可能なリバーシブルターミネータを用いて DNA を 1 塩基伸長し，励起光をあてて蛍光を読み取ったのち，ターミネータを分解して塩基だけを残す．更に次のリバーシブルターミネータで伸長を繰り返す．

図 2.2　リバーシブルターミネータを用いた合成によるシークエンシング法

2005]．合成によるシークエンシング法（**図 2.2**）では 1 塩基ずつの DNA の伸長と停止を繰り返すリバーシブルターミネータを利用する［Bentley 2006］．連結によるシークエンシング法（**図 2.3**）では DNA 連結酵素（ligase）を用いて複数塩基の伸長と停止を繰り返し，複数の塩基の情報を符号化して高精度なシークエンシングを実現する［Shendure 2005］．

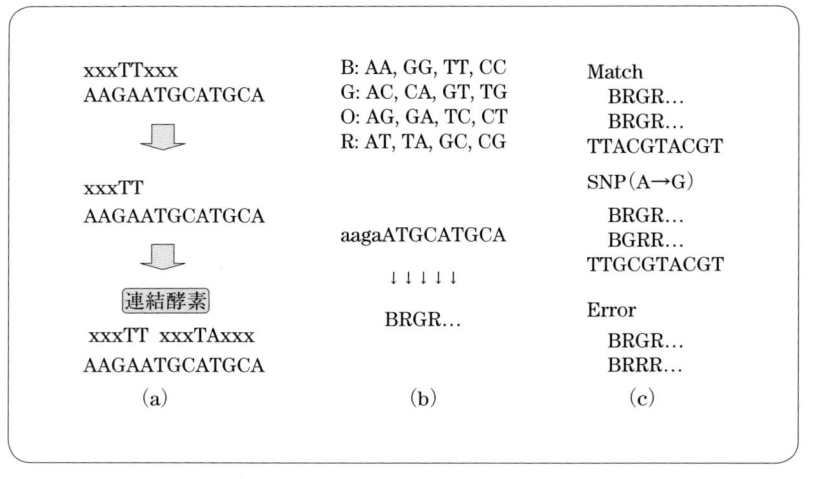

(a) 連結酵素を用いて 3 塩基飛ばしで連続する 2 塩基を読み取る．(b) 開始位置をずらして読み取ることで，2 塩基ごとに対応した 4 色配列を合成する．(c) 4 色配列を DNA 配列と照合する．4 色配列は 1 ビットのエラー訂正機能を持つので，この性質を用いると，SNP による 1 塩基の違いなのか，実験上の誤差による違いなのかを識別することが可能となる．

図 2.3　連結によるシークエンシングを用いた 2BASE エンコード法

更に，DNA を増幅させずに単一の DNA 分子を直接高解像度顕微鏡で読み取る単分子シークエンシング法（single molecule sequencing）［Braslavsky 2003］や膜上の微細孔を通過する DNA 断片を読み取るナノ細孔法（nanopore）［Lagerqvist 2006］などが提案されている．

超並列 DNA シークエンサーは高性能であるが，一つひとつの DNA 断片が短い．これは，既に，ゲノム配列のリファレンスが存在しており，それをひな形とすれば短い DNA 断片からリシークエンスは可能という理由による．ただし，超並列 DNA シークエンサーの短い

DNA断片から全ゲノムをアセンブリするのは技術的に困難ではないかという指摘もある［Rogers 2005］．実際に，ネアンデルタール人のゲノム解析の例ではサンガー法［Noonan 2006］と454システム［Green 2006］で結果が異なっており，食い違いの要因の一つとして，シークエンシングの精度ならびに読取り配列長が短いことが指摘されている［Wall 2007］．

2.3 倫理的・法律的・社会的諸問題（ELSI）

　個人ゲノム解析（personal genomics）を推進するためには，個人ゲノム情報をめぐる倫理的・法律的・社会的諸問題（ELSI）への配慮と社会的コンセンサスの確立が急務である［Robertson 2003］．問題の出発点はそもそも「ゲノム情報の所有者は誰か？」にある．ゲノム情報の所有権は基本的には本人にあり，情報の利用にあたっては本人の同意が必要とされるべきである．しかしながら，「本人」が意識不明の場合，認知障害の場合，あるいは，幼児や赤ちゃんの場合，本人に代わって家族あるいは代理人が同意することができるかどうかという問題が残る．更に，胎児や受精卵については誰が「本人」かどうかという問題が残る．

　個人ゲノム情報を知ることの利益及び不利益についても十分な議論が必要である．疾患リスクや薬物及び化学物質に対する副作用やアレルギーのリスクを事前に知ることができれば，健康予防に役立てることができる．ゲノム解読が1 000ドル以下になれば，予防による医療費削減効果は経済的にも十分成り立つであろう．一方，不利益に関しては，治療法が確立していない疾患遺伝子変異の不開示，遺伝子による保険加入及び就職差別の法律による規制，犯罪捜査などの医療用途以外でのゲノム情報利用の制限などのガイドラインがでている［Collins 2003a，増井 2003］．

　個人ゲノム情報のデータベース化にあたっては，匿名化だけでなく，アクセス権の委譲など情報技術としても検討すべき項目は多い［Eriksson 2005］．おもな項目をあげるだけでも

　① ネットワークを用いたゲノム情報の集中管理またはCD-ROMやICカードを用いた個人管理
　② 電子カルテなどの医療情報との連結化の可否
　③ ゲノム情報の暗号化と個人識別能力とのトレードオフ［Lin 2004］など

検討課題は多い．

　ELSIの問題は包括的な議論を必要とする．個人ゲノム情報が社会に浸透するには技術的にも経済的にも幾多の壁が存在するが，技術の進歩が著しいのも事実である．拙速な対応にならないよう，十分な時間と議論を重ね，社会的コンセンサスの早期構築が望まれる．

本章のまとめ

　DNAシークエンシング技術の高性能化により，個人のゲノムを読み取ることが技術的にもコスト的にも不可能ではなくなってきた．近い将来に，数百人，数千人のゲノム配列を比較することにより，ゲノム上のどのような変異が表現型の違いをもたらすかが明らかにされよう．このような個人単位でのゲノムの変異情報を活用することにより，病気のリスクを予防したり，薬の副作用を事前に回避したりすることが可能となる．ただし，個人ゲノムの情報を活用するためには，プライバシーやセキュリティー，更には，活用の範囲に関して社会的コンセンサスの確立が不可欠となる．DNAシークエンシング技術の急速な発展により，ともすれば，テクノロジーが先行している部分もあるが，情報社会インフラ構築並びに社会的コンセンサスの観点からも，来るべき個人ゲノム活用時代のあるべき姿について明確なビジョンの構築がが必要である．

❶ **personal genomics**：**個人ゲノム解析**；ゲノム情報を医療やライフスタイルの改善に役立てるゲノム科学

❷ **$1000 genome**：**1000ドルゲノム**；ヒトゲノムを1000ドル以下の費用でシークエンシングする技術

❸ **massively parallel DNA sequencing**：**超並列DNAシークエンシング**；DNA配列を数十塩基の短い断片に分解し，数十万個から数百万個の配列を同時にシークエンシングする技術

❹ **pyrosequencing**：**パイロシークエンシング**；蛍光色素を使わずにルシフェラーゼによる発光反応を用いて配列を読み取る技術

❺ **resequencing**：**リシークエンシング**；既知の参照ゲノム配列があることを前提としてDNA配列をシークエンシングする技術

❻ **sequencing by ligation**：**連結によるシークエンシング**；DNA連結酵素（ligase）を用いて数塩基ずつDNA配列の伸長と停止を繰り返し，連続する塩基の情報を符号化することで読み取り精度を向上させるシークエンシング技術

❼ **sequencing by synthesis**：**合成によるシークエンシング**；DNA合成酵素と合成停止と合成再開の機能を持つreversible terminatorを用いて，1塩基ずつDNA配列を伸ばすことでシークエンシングする技術

❽ **ELSI**（ethical, legal, and social issue）：**倫理的・法律的・社会的諸問題**；生命科学及び医学研究を進める際に社会との接点で問題となるさまざまな課題

3 ゲノム変異解析

　人の身体的な特徴や生理学的な応答における表現型の違いは，ゲノム上のさまざまな変異からもたらされている．ゲノムには，単一塩基多型（SNP）に代表される塩基の点突然変異だけでなく，数塩基から数千塩基の塩基の挿入（insertion）や欠損（deletion）による変異（INDEL），更には，数万塩基から数百万塩基にわたる大規模な塩基配列の増幅（gain）や欠失（loss）による遺伝子のコピー数変異（CNV）があり，表現型に影響を与えている．近年，数百万個のプローブを用いた高密度 DNA アレイの出現により，SNP や CNV をゲノムワイドで網羅的に検出することが可能となった．また，ゲノム上のすべての変異を収集し，データベース化する計画が始まっている．

3.1 ゲノム変異解析とは

ヒトのゲノムには，進化の過程で生じたさまざまな突然変異が蓄積しており，**図3.1**のような変異の影響が各人の個人差を生み出している［Barnes 2003］．塩基レベルではさまざまな変異が起きているが，ある集団内で1%以上の人が共通に持つ単一塩基の変異はSNP（single nucleotide polymorphism）と呼ばれている．

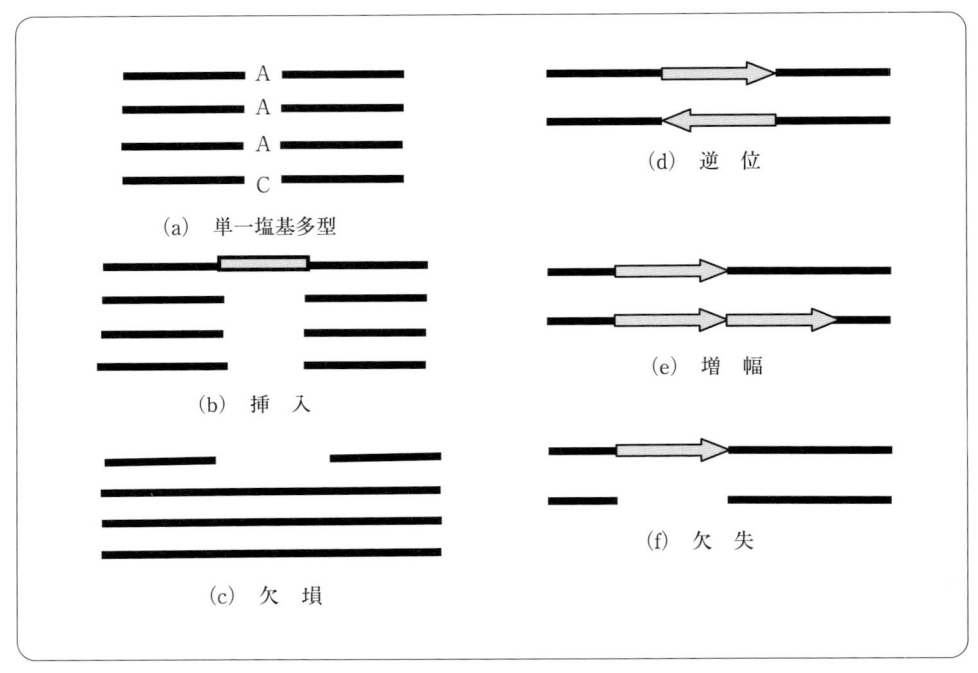

図3.1 ゲノム配列上に見つかる変異の例

SNPの代表的な例として，酒に強いか弱いかを決定しているアルコール分解酵素（ADH）及びアセトアルデヒド分解酵素（ALDH2）の多型がある．アルコールは肝臓において，ADHにより分解されアセトアルデヒドが生じる．アセトアルデヒドは更にALDH2により分解され酢酸となる．アセトアルデヒドの分解が遅いとアセトアルデヒドの血中濃度が上昇し，顔が赤くなったり，気分が悪くなったりする．ALDH2には，487番目のアミノ酸がグルタミン（Q）からリシン（K）に変わるALDH2*2という突然変異型があり，アセトアルデヒドの代謝能力が失活する．2本ある12番染色体が共にALDH2*2を持つ人（homozygous）

は全く酒が飲めない下戸であり，片方の染色体だけに ALDH2*2 を持つ人（heterozygous）は酒に弱い．日本人の約半数が ALDH2*2 変異を持っているという [Asakage 2007, Nose 2008]．

SNP における野生型と突然変異型の頻度は民族や集団の成り立ちに大きく依存しており，民族によっては比率が逆転している場合もある．ALDH2 の場合，日本人では変異比率が高いが，ヨーロッパ人及びアフリカ人はほとんどが野生型（wild type）であり，ALDH2*2 はモンゴロイド（mongoloid）の系統を表す一つの指標となっている．ただし，日本人の源流もいくつかあることが知られており [崎谷 2008]，変異頻度の解釈には集団形成過程への考慮が必要である．

ヒトゲノムの変異情報を活用するために最も重要なことは疾患との対応がとれた変異データベースの構築である．2006 年には SNP に加え，INDEL（insertion and deletion）や CNV（copy number variation）のようなさまざまなゲノム上の変異を網羅的に収集し，データベースとして公開するプロジェクト（HVP）が発足した [Patrinos 2005]．2007 年には，ヒトの構造的変異を配列ベースで網羅的に収集するための国際プロジェクト（the Human Genome Structural Variation Working Group）が発足した [HGSVWG 2007]．これは，CNV を含めた挿入（insertion），欠損（deletion），逆位（inversion）などゲノム配列上での構造的な変異を配列レベルで解析するプロジェクトである．国際 HapMap 計画で用いたサンプルを対象に 1 人当り 800 000 ドルのコストで解析する予定という．国際 HapMap 計画のサンプルに関しては，これまでにも比較ゲノムハイブリダイゼーション法（CGH）による遺伝子コピー数解析が実施されているが，検出できる変異の解像度や種類に限界があるため，配列レベルでの解析を進めることにし，2 年または 3 年間で配列解析を終了する予定という．

3.2 単一塩基多型（SNP）

SNP は変異が起きた場所により，機能別に分類されている．遺伝子の発現制御領域（promoter region）に生じた変異は regulatory SNP（rSNP）と呼ばれ，プロモータなどとの結合力に影響して遺伝子発現の量を変化させる．遺伝子領域にあり，アミノ酸の種類を変える変異は coding SNP（cSNP）と呼ばれ，部位によってはタンパク質の立体構造を変化させ，活性に影響を与える．同じ遺伝子領域の変異でも，アミノ酸の種類を変えない変異は silent SNP（sSNP）と呼ばれている．sSNP は活性には影響しないので進化的に中立であり，

集団内に広まりやすい．遺伝子領域内でイントロンの中に生じた変異は intron SNP（iSNP）と呼ばれている．iSNP は生成されるタンパク質の構造には影響しないので本来的には進化的に中立のはずであるが，近年，イントロン内の RNA が切り出されて遺伝子発現の制御を行う可能性が報告されてから iSNP と表現型との関係についても注目されている．遺伝子領域と遺伝子領域との間のジャンク領域で生じた変異は genomics SNP（gSNP）と呼ばれている．gSNP も基本的には表現型に影響しないと考えられているが，近年，転写はされているがタンパク質の情報を符号化していない非コード RNA（noncoding RNA：ncRNA）が多数存在することがわかり，遺伝子発現調節への関与の可能性が指摘されている．

ヒトの SNP は 100 塩基から 300 塩基に一つの割合で存在しており，2008 年の SNP データベース Build 129 には 18 045 964 個の代表的な SNP が登録されている．SNP どうしは必ずしも独立ではなく，特定の SNP の組合せが高頻度に出現することがある．このような進化的に保存性の高い SNP の組合せはハプロタイプ（haplotype）と呼ばれ，疾患原因を同定するための DNA マーカ（DNA marker）として利用されている [IHC 2005]．例えば，(AB)(CD)(EF) という 3 組みの SNP があったとすると，原理的には 8 種類のハプロタイプが存在するが，集団によっては，ACE，BDF といった二つのハプロタイプだけが高頻度に出現する場合がある．この場合，2 倍体としては，(AA)(CC)(EE)，(AB)(CD)(EF)，(BB)(DD)(FF) という組合せだけが検出される．ハプロタイプが生じるのは，卵子や精子の減数分裂の際に，父親由来の染色体と母親由来の染色体の間で組換え（recombination）が生じる頻度が DNA の部位により異なることによる．組換えは，ホットスポットと呼ばれる約 20 万塩基長の部位において約 50% が起きている．このようなホットスポットがゲノム全体で約 15 000 箇所存在している．このため，ホットスポットの間にある SNP の出現頻度は互いに相関を持っている．このことは，ゲノムワイドな比較を行う際に，各 SNP を完全に統計的に独立なものとして扱ってはいけないことを意味する．

3.3 塩基欠失変異（INDEL）

ゲノム配列上には，SNP だけでなく，INDEL と呼ばれている同一数塩基配列の繰返し回数の違いや，数百，数千塩基の欠失，挿入，逆位による変異が多数存在している．特に，トリプレットリピート（triplet repeat）と呼ばれる 3 塩基の反復配列は DNA 複製の際に長さが変わることが多く，遺伝病の要因の一つとなっている．

例えば，手足の震えから舞踏病ともいわれていたハンチントン病（HD）は，第4染色体上に存在するHD遺伝子のエクソン（exon）にあるCAGという配列の繰返し回数の異常が病気の要因となっている．40回以上では40歳をピークに70歳までにほぼ確実に発症する．26回以下は発症せず，27〜35回では父親を通して変異が遺伝し，36〜39回は発症の可能性が高まる［Myers 2004］．

Mills, R. E. らは36人分のDNA配列において1塩基から9 989塩基までの挿入及び欠損を調べ，それぞれ，374 355個，137 526個，17 217個のINDELを発見した［Mills 2006］．INDELは平均7.2キロ塩基対に一つの割合で存在していた．全体の約35.7%に当たる148 000個を超えるINDELは既知遺伝子に存在し，そのうち，5 542個はプロモータ領域及びエクソン領域に存在していた．このことは，ゲノムの変異を調べるにはSNPだけでは不十分であり，DNA配列を詳細に比較することが不可欠であることを意味している．

3.4 遺伝子コピー数変異

ゲノム上では，数万塩基対から数百万塩基対にわたる大規模なDNA配列の増幅（gain）及び欠失（loss）がしばしば起きており，遺伝子の数そのものが変わる遺伝子コピー数変異（CNV）が報告されている［Kojima 2006］．特に，がん細胞では，大規模なゲノムの構造変異が起きており，染色体の本数が変化したり，数メガベース単位でのDNAの増幅や欠失が起きたりしていることが知られている．歴史的には，このような染色体レベルでの変異を調べるために，比較ゲノムハイブリダイゼーション（comparative genomic hybridization : CGH）法が用いられていた．CGH法では，がん細胞のDNA断片と正常細胞のDNA断片を別々の蛍光色素で標識し，それらを同時に正常細胞の染色体にハイブリダイゼーション（hybridization）させる．DNA断片がその相補鎖と結合するハイブリダイゼーションはランダムに生じるので，変異がなければがんDNA断片と正常DNA断片はほぼ均等に染色体に結合し，平均的にはほぼ等しい強度のシグナルが観測される．がん細胞で染色体レベルでの増幅があればその染色体はがんDNAにつけた色素がより強く観測され，大規模な欠失があれば正常DNAにつけた色素がより強く観測される．がんDNAで大量に増幅されている領域があればその部分は強いシグナルとして観測される．

Jain, A. N. らは，52人の乳がん患者のゲノムを1 225区分に分割し，CGH法により，生存率が低い患者群及びp53遺伝子変異を持つ患者群と相関の強い遺伝子コピー数変異領域

を報告している［Jain 2001］．

アレイCGH法（array CGH）では，あらかじめ染色体上での位置がわかっているDNA断片を多数並べたDNAアレイにハイブリダイズさせることで，数十万塩基対から数百万塩基対規模の解像度でコピー数の変異領域を同定することができる［Albertson 2003］．

近年，健常者においても，数万塩基対単位でのDNAの複製及び欠損が発生していることが確認され，SNPと同様に集団内に多型として存在していることがわかってきた［Redon 2006］．このようなゲノムの構造変異はコピー数多型（copy number polymorphism：CNP）と呼ばれている．CNPやCNVをより精度良く検出するために，全ゲノムタイリングパス（whole genome tiling path：WGTP）［Fiegler 2006］や高密度DNAアレイ［Redon 2006］が利用されている．WGTP法では，全ゲノムをおよそ1万塩基長で分断して得られた26 574本のDNAクローンを用いてCNVを検出する．一方，高密度DNAアレイ法では，数百万個の短いDNA断片のシグナル強度の比からCNVを検出する．WGTPを用いる利点はクローンが長いためミスハイブリダイゼーション（mis-hybridization）が起きにくく，CNVの検出力が強いことである．ただし，数千塩基以下の短いCNVやDNAクローンをまたがるようなCNVを見落とす可能性がある．一方，高密度DNAアレイでは，多数のDNA断片をプローブ（probe）として用いることで数千塩基単位でのCNVを検出することが原理的には可能である．

3.5 高密度DNAアレイ

高密度DNAアレイ（またはビーズ）の開発により，1回の実験で数十万から数百万箇所のSNPのタイピング情報及びCNVのコピー数を比較的安価な費用で得ることが可能となった．これにより，従来法では困難であった数百人，数千人規模のゲノムワイドな遺伝子変異解析が実現できるようになった．このことは，遺伝子変異解析が大量データ解析の時代に突入し，これまでとは，量的にも，質的にも異なる解析方法が必要なことを意味する．

いま，かりに，メジャーアレル（majar allel）に対応するプローブをA，マイナーアレル（minor allel）を検出するプローブをBとする．これらのプローブとDNAサンプルをハイブリダイゼーションして，プローブに結合したDNA断片の蛍光色素の量を検出すると，メジャーアレルを二つ持つ人の場合，プローブAには多数のDNA断片が結合するので高いシグナル値を出すが，プローブBにはDNA断片はあまり結合しないので低いシグナル値を出

す.

　一方，マイナーアレルを二つ持つ人の場合はこれの逆で，プローブ B のシグナル値が高くなり，プローブ A が低くなる．メジャーアレルとマイナーアレルを一つずつ持つ人の場合，プローブ A とプローブ B に結合する DNA 断片の数はほぼ半分になるので，シグナル値も中間的な値となる．このプローブ A とプローブ B のシグナル値を二次元の座標にプロットすると，AA ホモ接合型，AB ヘテロ接合型，BB ホモ接合型の三つの分布ができる（**図 3.2**）．

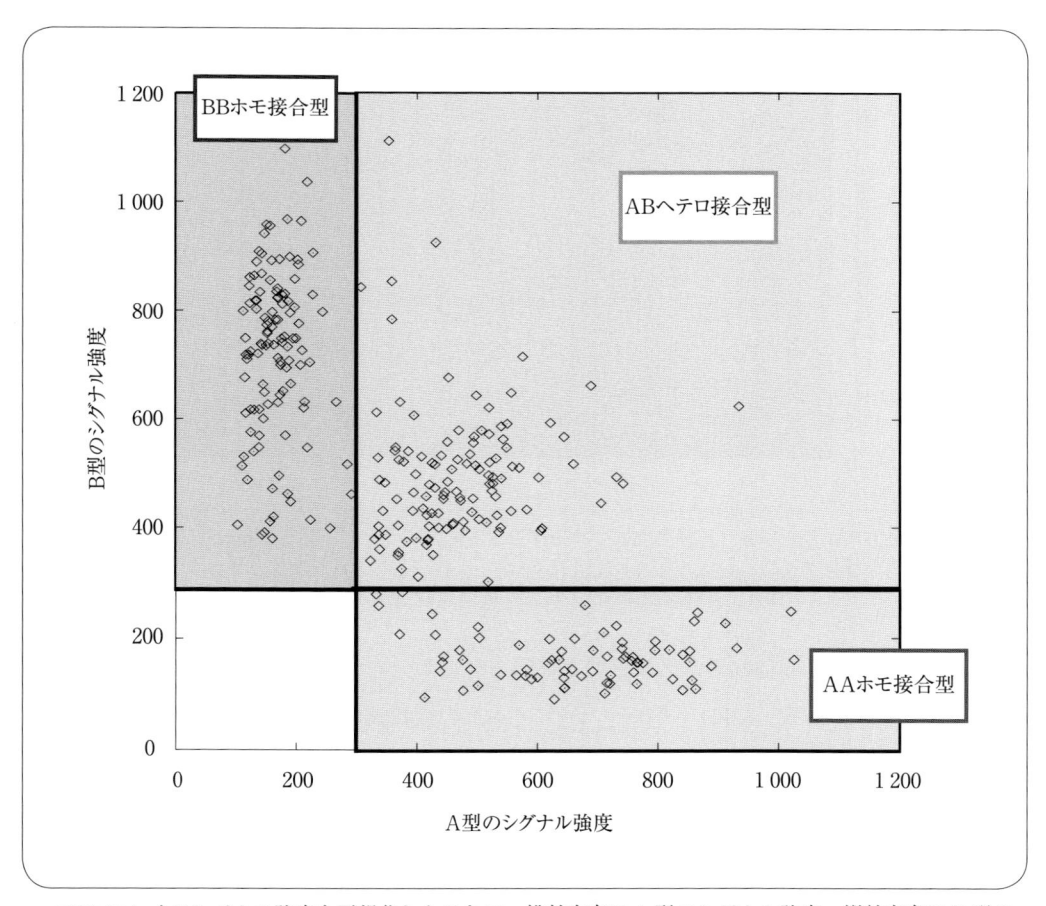

DNA アレイのシグナル強度を正規化したのちに，横軸方向に A 型のシグナル強度，縦軸方向に B 型のシグナル強度をプロットすると AA ホモ接合型，AB ヘテロ接合型，BB ホモ接合型の分布が現れる．
図 3.2　高密度 DNA アレイによる SNP タイピング結果の分布

　これらの分布から SNP のタイプを判定することができる（**図 3.3**）．CNV がある場合は，これらの分布から外れ，欠失ではシグナル値は小さいほうに，増幅では大きいほうに検出される．ただし，シグナル値のノイズは大きいため，CNV であっても通常のシグナル分布と重なるケースがあることに留意する必要がある．精度の良いプローブでは，三つの分布はき

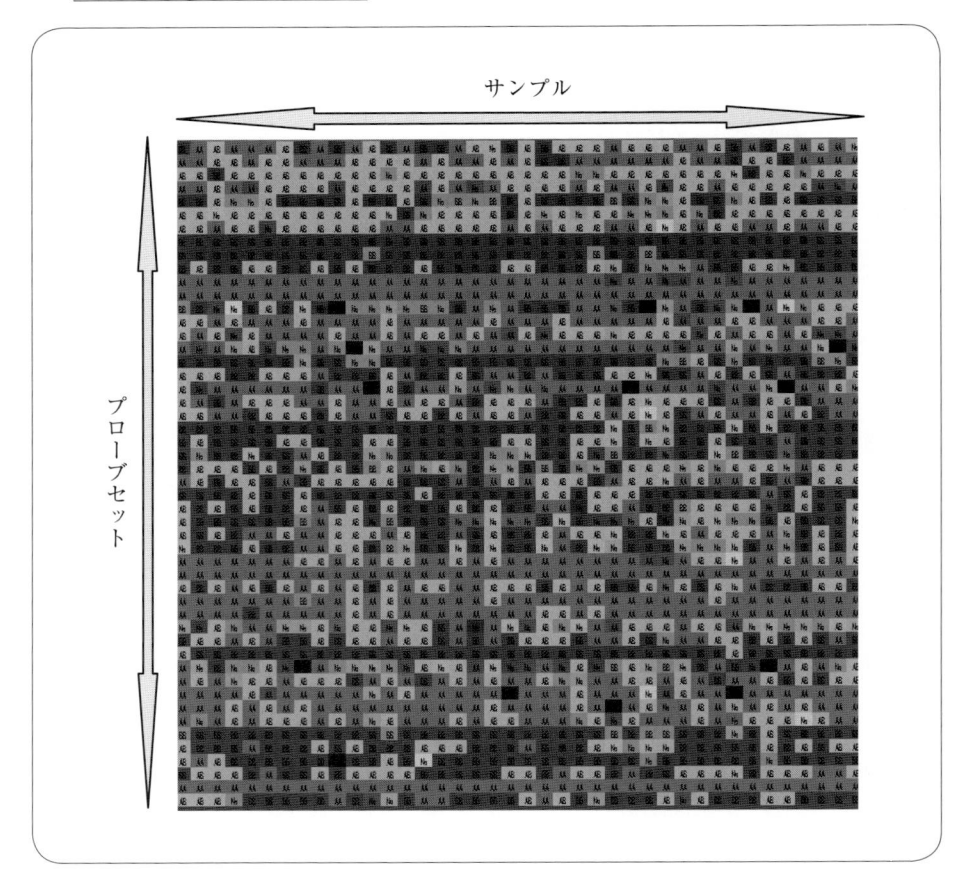

横軸方向にサンプル，縦軸方向にプローブセットを並べると，連鎖不平衡にある SNP の並び（ハプロタイプ）が現れる．

図 3.3　高密度 DNA アレイによる SNP タイピングの例

れいに分かれるが，精度の悪いプローブでは，これらの分布が重なり合い，タイピングの判別が困難な場合がある．特に，プローブがゲノム上の複数箇所にヒットしている場合はシグナルの分布の重複が多くなるので注意が必要である．

談 話 室

三毛猫には，なぜオスがいないのか？ ごくまれな例外を除いて，三毛猫はすべてメスである．この現象は三毛猫の毛色に関する遺伝子型の組合せにより説明できる．関連する遺伝子は白色遺伝子（Ww），茶色遺伝子（Oo），アグチ遺伝子（Aa），スポット遺伝子（Ss）の4種類である．

遺伝子型の働きは以下のとおりである．

WW，Ww：他の遺伝子の働きをすべて抑制して全身が白くなる

ww：抑制しない

O：茶色になる（Aaiに関係しない）

o，AA，Aa：キジネコ（トラネコ）になる

o，aa：黒色になる

SS，Ss：白色の斑点を作る

ss：白色の斑点を作らない

三毛猫になるには，まず，毛の色を発現させるために，白色遺伝子の遺伝子型が劣性（ww）である必要がある．白い斑点を出すには，スポット遺伝子の遺伝子型が優性（SSまたはSs）である必要がある．SSのほうが白い部分が多くなる．黒色と茶色は，茶色遺伝子のヘテロ接合型（Oo）とアグチ遺伝子の劣性（aa）の組合せから生じる．茶色遺伝子はX染色体に存在するので，Oo遺伝子型はメスにしか生じない．X染色体は受精卵が20個ほどに分割した段階でランダムに生じる．したがって，メスネコの体細胞は部分的にO遺伝子またはo遺伝子を持つことになる．O遺伝子を持つ組織は茶色，o遺伝子を持つ組織はアグチ遺伝子の遺伝子型がaaなので黒色となる．以上の理由により，ww，Oo，aa，S-のときに三毛猫となる．

参考文献　仁川 純一：ネコと遺伝学，コロナ社（2003）

本章のまとめ

　高密度 DNA アレイの出現により，ゲノムワイドな変異解析が現実のものとなった．大規模な変異情報の解析は，バイオ情報学の大きな研究課題の一つである．ゲノムには SNP の違いだけでなく，反復配列の数の違いや CNV に代表されるような構造的な変異も存在している．今後，重要となるのがこのようなゲノム上の変異情報と疾患などの表現型情報とのマッピングである．遺伝子変異は表現型と結びつけることで，はじめてその価値を持つ．ただし，遺伝子変異と表現型の関係は多くの場合多対多であり，状況にも依存する．このような複雑な対応関係をどのように表現し，整理していくための方法論と情報処理技術が求められている．

❶ **CNP**（copy number polymorphism）：**コピー数多型**；健常人においても観測される遺伝子コピー数の変異に関する多型

❷ **CNV**（copy number variation）：**コピー数変異**；遺伝子の数が変わるような大きな遺伝子領域の増幅（gain）または欠失（loss）

❸ **INDEL**（insertion and deletion）：ゲノム上での遺伝子配列の挿入（insertion）及び欠損（deletion）

❹ **SNP**（single nucleotide polymorphism）：**単一塩基多型**；一塩基が変異することによって生じる多型

4 疾患関連遺伝子探索

　高密度 DNA アレイが開発されたことにより，数千人規模の SNP 情報から統計的手法を用いて疾患関連遺伝子をスクリーニングするゲノムワイド相関解析（genome wide association study）が注目を集めている．ゲノムワイド相関解析では患者群と健常者群における遺伝子変異の頻度の偏りから疾患関連遺伝子を絞り込む．このような解析で生じる多重検定問題（multiple testing problem）を回避する方法として FDR（false discovery rate）が提案されている．

4.1 疾患関連遺伝子探索とは

　ある種の疾患においては，遺伝型の変異が疾患の要因となることが知られている．このような疾患に関連のある遺伝子を同定することを疾患関連遺伝子探索という．疾患関連遺伝子探索は単一の遺伝子の変異が疾患の主要因となっている単一遺伝子疾患と，複数の遺伝子の変異及び環境要因が影響する多因子疾患とでは，アプローチの仕方が大きく異なる．

　単一遺伝子疾患は，ハンチントン病や血友病のように遺伝子の異常が親から子に伝わることで発症する病気である．ハンチントン病は，4番染色体にあるHD遺伝子のCAGリピートの数が増えることが疾患の原因である［Myers 2004］．血友病は，X染色体上の血液凝固遺伝子の異常が主たる病因となる．原因遺伝子がX染色体にあるため，発症者はX染色体を2本持つ女性では少なく，1本しか持たない男性に多い．単一遺伝子疾患は，両親から子供へとメンデル遺伝（Mendelian heredity）することが多いため，家族の罹患履歴とDNA上のマーカから連鎖解析（linkage analysis）を適用することにより疾患遺伝子を同定することが期待できる．遺伝性疾患データベース（OMIM）には，すでに2 000を超える症例が登録されている．

　多因子疾患の場合，遺伝子の変異があったとしても，必ずしも発症するわけではないので，連鎖解析ではうまく同定することはできない．一般に，疾患変異の集団への伝搬の仕方は，疾患の発生頻度と疾患が個体に及ぼす影響度（子孫を残せるかどうかなど）に依存する．突然変異の発生頻度が同じでも，個体への変異の影響が甚大なほど子孫に伝わる可能性は低くなり（選択圧が高い），軽微であるほど伝わる可能性が高くなる（選択圧が低い）．糖尿病のようなありふれた病気（common disease）の場合，疾患要因となる遺伝子変異がかりにあったとすれば，必ずしも致命的とはならないため集団内に広がりやすいはずである．逆にいえば，集団に共通な変異を探せば糖尿病などの関連遺伝子が見つかる可能性があることを意味する．このような考え方をCDCV仮説（common disease common variant hypothesis）という．Pritchard, J. K.らは仮想的な遺伝子集団モデル（genetic population）を作り，さまざまな発生頻度及び選択圧のもとで世代を重ねたときに遺伝子変異がどのように集団内に伝搬するかを調べている［Pritchard 2002］．このモデルによると，選択圧が強い遺伝子変異の頻度は1%以下に固定されることが多く，集団には伝搬しにくい．一方，選択圧の弱い遺伝子変異の頻度分布は集団サイズによる影響を受けやすい．特に，集団サイズが小さい場合は，

集団内に伝搬するかどうかは子孫を作る際にどちらの変異を選択したかという遺伝的浮動（genetic drift）の影響が大きいという．このことは，単一遺伝子疾患のように選択圧が強い遺伝子変異はどの民族においてもほぼ一定の頻度で分布しているが，選択圧が弱い生活習慣病のような場合，たとえ遺伝子変異が疾患と関係があったとしても，その変異の頻度分布は民族間において大きく異なる可能性があることを示している．

　生活習慣病のような疾患の場合，遺伝的要因だけでなく，環境要因も左右する．例えば，糖尿病の場合，食料が不足していた時代において有用だったエネルギー代謝を抑制する「倹約遺伝子（thrifty gene）」が近代化により食糧事情が改善されたために，肥満を引き起こしているのではないかといわれている［Tilburg 2001, 島本 2007］．このような倹約遺伝子として脂肪代謝関連遺伝子（β3AR や PPAR など）や熱エネルギー代謝遺伝子（ミトコンドリアの UCP 遺伝子など）が研究されている．実際，線虫やマウスでは極端なカロリー制限により寿命を延ばせることが知られている．このことから，生物が生涯に摂取できるカロリーの総量には限界があり，エネルギーの過剰摂取が寿命を制限しているという学説（rate of living hypothesis：ROL 仮説）もある［Speakman 2002］．一方，エネルギー代謝関連遺伝子と肥満との関係は必ずしも明確ではなく，生活環境の影響の観点からはコレステロールの代謝にかかわるアポリポタンパク質 E（APOE）が「倹約遺伝子」にふさわしいという説もある［Prentice 2005］．また，Rienzo, A. D. らは，このような生活環境の変化を含めて変異遺伝子の遺伝的浮動を議論するためには Prichard のような固定化された選択圧を用いた遺伝子集団モデルでは不十分であり，環境要因により選択圧が動的に変化する遺伝子集団モデルが必要だという［Rienzo 2006］．

4.2　ゲノムワイド相関解析

　ゲノムワイドに遺伝子変異と疾患との相関を調査する方法としては，ケース - コントロール調査（case-control study），追跡調査（cohort study），家族調査（family study）などが知られている［Peason 2008］．それぞれに特徴があり，ケース - コントロール調査では，患者群（ケース）と健常者群（コントロール）における遺伝子変異の発生頻度を統計的に比較することにより，疾患と相関のある遺伝子をスクリーニングする．サンプリングの仕方により結果が依存しやすいという問題があるが，短期間にできること，大量のサンプルを集められることからゲノムワイド相関解析ではよく用いられる．

追跡調査は，一定の地域あるいは集団を固定して，10年，20年という長期にわたって調査を継続することにより，特定の疾患にかかった人達の中で，変異を持つ人と持たない人の人数比から変異と疾患との関係を推定する方法である．時間はかかるが，変異を持つ人は持たない人に比べどのくらい病気にかかりやすいかというリスク比を推定できるという利点がある．

家族調査は，患者と親子あるいは兄弟，双子のような家族関係にある人の遺伝子を同時に調査する方法である．家族構成の情報を利用することで，メンデル遺伝の有無の確認や環境要因をそろえることで解析の信頼性を高めることが可能となる．

4.3 分割表の χ^2 検定による有意性判定

分割表（ontingency table）はケース-コントロール調査，追跡調査，家族調査のいずれの方法にも適用することができるが，患者サンプルを集めやすいケース-コントロール調査で用いられることが多い．遺伝子の変異ごとにケース群とコントロール群の変異頻度の分割表を作り，χ^2 検定を用いて変異遺伝子候補をスクリーニングする［浜田 1999］．

各遺伝子変異においてメジャーアレル（w）とマイナーアレル（m）があったときに，ケース群とコントロール群のそれぞれに対し，優性ホモ接合体（ww），ヘテロ接合体（wm），劣性ホモ接合体（mm）の三つのグループに分けると 2×3 分割表が得られる．ケース群とコントロール群において遺伝子変異の分布に差がないとすると，このような分割表の統計量分布は χ^2 分布に従う．ケース群とコントロール群において変異を持つ人の偏りが大きいほど，大きな値を示す．2×3 分割表の χ^2 値は自由度 $(2-1)\times(3-1)=2$ の χ^2 分布に従うので，帰無仮説の下で，そのような統計量が得られる確率として P 値（probability value：P-value）を求めることができる．一般に，P 値が 0.05（5％）以下の場合は，帰無仮説，すなわち，ケース群とコントロール群において遺伝子変異の分布に差がないとする仮説は棄却される．ただし，帰無仮説が棄却されたからといって，その遺伝子変異が疾患の原因であるという解釈にはならないことに注意が必要である［永田 1996］．

例えば，堀越らの報告によると，2 型糖尿病の患者群（ケース）1 174 人，健常者群（コントロール）823 人において，疾患関連候補遺伝子 TCF7L2 の SNP である rs7903146 の ww，wm，mm のタイプの頻度はそれぞれ（1 051，119，4）（770，51，2）と報告されている［Horikoshi 2007］．このときの，期待度数はそれぞれ（1 070.5，99.9，3.5）（750.5，70.1，

4.3 分割表の χ^2 検定による有意性判定

2.5) なので，期待値からのずれ具合を表す χ^2 値の総和は

$$\chi^2 \text{値の総和} = \Sigma \frac{(X_i - E_i)^2}{E_i} = 9.84$$

ここで，X_i：観測度数，E_i：期待度数

となる．χ^2 値が自由度 2 の χ^2 分布に従うとすると，P 値，すなわち，偶然にこのような分割表が観測される確率は 0.0073 となり，ケースとコントロールにおいて遺伝子変異の発生頻度に差がないという帰無仮説は棄却される（**表 4.1**）

表 4.1 ケース-コントロール調査における SNP の 2×3 分割表による χ^2 検定

分割表

rs7903146	ww	wm	mm	計
ケース〔人〕	1 051	119	4	1 174
コントロール〔人〕	770	51	2	823
計	1 821	170	6	1 997

帰無仮説（H0）：SNP の分布はケースとコントロールで差がない（疾患と SNP は関連がない）
対立仮説（H1）：SNP の分布はケースとコントロールで差がなくはない（疾患と SNP は関連がないとはいえない）

期待値

期待値	ww	wm	mm	計
ケース〔人〕	1 070.533	99.939 91	3.527 291	1 174
コントロール〔人〕	750.467 2	70.060 09	2.472 709	823
計	1 821	170	6	1 997

χ^2 値の総和 $= \Sigma \dfrac{(X_i - E_i)^2}{E_i} = 9.84$

自由度 $= (m-1)(n-1) = (2-1)(3-1) = 2$ の χ^2 分布で検定する

自由度	0.995	0.975	0.05	0.025	0.01	0.005
1	0	0.001	3.841	5.024	6.635	7.879
2	0.01	0.051	5.991	7.378	9.21	10.597
3	0.072	0.216	7.815	9.348	11.345	12.838

ケースとコントロールの遺伝子変異頻度に差がないということを帰無仮説として分割表の期待値との差分から χ^2 検定を行う．rs7903146 の場合，χ^2 値は 9.84 となり，これは有意確率 0.05 のときの χ^2 値よりも大きいので，帰無仮説は棄却され，遺伝子変異は疾患とは関連がないとはいえないという結果となる．ただし，本分割表では観測度数が 5 以下の項目があるので，この検定の信頼性は低い．

一般に，χ^2 検定では P 値は低めにでる傾向があり，特に，分割表において期待度数が 5 以下のセルがあるような場合には十分な注意が必要となる．先ほどの分割表の例では，TCF7L2 変異をホモで持つ人の絶対数が少ないため，このような分割表は全体的に χ^2 値は大きな値をとる傾向にある．したがって，χ^2 値が大きいからといって，特にまれな分割表とはいえない．この問題を解決して，よりもっともらしい P 値を求める方法として，パーミュテーションテスト（permutation test）が知られている．パーミュテーションテストで

は，χ^2 分布から P 値を直接求めるのではなく，ww，wm，mm の出現頻度は変えずに，ケースとコントロールのラベルを N 回ランダムに変えたときに，観測された χ^2 値よりも大きな χ^2 値が計測された回数 n を用いて，n/N を P 値とする（表 4.2）．これは，ケースとコントロールのラベルを変えても変異の発生確率の分布は変わらないという条件のもとで，求めた分布表が偶然に観測される確率を求めていることになる．

表 4.2 パーミュテーションテストによる 2×3 分割表の検定

rs7903146	ww	wm	mm	計	
ケース〔人〕	1	1	1	3	
コントロール〔人〕	1 820	169	5	1 994	χ^2 値 = 4.84×10^{-5}
計	1 821	170	6	1 997	

○○○

rs7903146	ww	wm	mm	計	
ケース〔人〕	1 051	119	4	1 174	
コントロール〔人〕	770	51	2	823	χ^2 値 = 9.84
計	1 821	170	6	1 997	

○○○

rs7903146	ww	wm	mm	計	
ケース〔人〕	910	85	3	998	
コントロール〔人〕	911	85	3	999	χ^2 値 = 113.39
計	1 821	170	6	1 997	

この中からランダムに N 個を選択して，順位を定める．

　分割表の P 値をより正確に求めるための方法の一つとしてパーミュテーションテストがある．変異の比率を固定したままケースとコントロールのラベルを入れ替えたときの χ^2 値を N 個ランダムにサンプリングして，分割表の χ^2 値を小さいほうから並べたときに，該当する分割表の順位を N で割った値を P 値とする．

　パーミュテーションテストは，精度の高い P 値を求めるには良い方法であるが，精度を N 分の 1 以下にするためには，少なくとも N 回のランダム試行が必要となり，ゲノムワイドに適用しようとすると膨大な計算量が必要となる．Kimmel, G. らは，ケースとコントロールの組合せだけでなく，SNP の組合せまで考慮したパーミュテーションモデルにおいて，マルコフチェインモンテカルロ（Markov Chain Monte-Carlo：MCMC）法を用いて高い χ^2 値を持つ分割表を集中的にサンプリングすることで，通常のパーミュテーションテストの数千倍以上の効率化を実現する rapid association test を提案している［Kimmel 2006］．Kustra, R. らは，予備的な P 値の推定から大きな P 値の場合はサンプル数を少なく，小さな P 値の場合はサンプル数を多くして，トータルのサンプリング回数を減らす方法を提案している［Kustra 2008］．

4.4 多重検定問題

　各変異に対する P 値が求まると，P 値の分布から特定の疾患と相関する遺伝子群を統計的手法により抽出することが可能となる．ただし，ゲノムワイド相関解析の場合，極めて多数の変異を扱うため，単純に 5% で有意判定をしてしまうと，疾患関連遺伝子候補に偽陽性が含まれる可能性が増えてしまう．この問題は多重検定問題として知られている．

　多重検定問題は，複数回の検定においては，1回1回の検定を有意水準 5% で行うと，全体の検定としての有意水準が 5% に収まらないことから生じる［永田 1997］．単純な例でいうと，20本に1本が当たりとなるくじを 20 人で引いた場合，この 20 人の中で誰かが当たる確率は 64% となる．有意水準は，帰無仮説が正しい（つまり，遺伝子変異の影響はない）にもかかわらず，正しくない（つまり，遺伝子変異の影響はないとはいえない）と判定する確率（つまり，偽陽性を拾う確率）である．ゲノムワイド相関解析では数十万，数百万という回数の検定を行うことになるので，有意水準 5% でスクリーニングしたとすると，ほぼ確実にその中に偽陽性が含まれていることになる（第1種の過誤）．

　この問題を最も保守的に解決する方法がボンフェローニ補正（Bonferroni correction）であり，n 回の検定を行う場合は，有意水準を a/n で検定するというものである．ゲノムワイド相関解析において，ボンフェローニ補正を適用した場合，検定数が非常に多いので，有意水準が厳しくなり，逆に有用な遺伝子変異を取りこぼすおそれが生じる．つまり，帰無仮説が本当は正しくないのに，正しいと判定してしまう確率が高くなりすぎてしまう（第2種の過誤）．この補正のしすぎを解決する方法として false discovery rate（FDR）に基づく有意性検定が提案されている．

☕ 談話室 ☕

みんなで引けば，くじ運が上昇する？　　当たりくじが 100 本に 5 本のくじを引くことを考える．20 人がこのくじを引いたとき，一人ひとりの当たる確率は 100 分の 5 である（5%）．一方，20 人のうち誰か 1 人が当たりくじを引く確率は $1.0 - (1.0 - 0.05)^{20} = 0.64$（64%）となり，かなりの確率で当たることになる．このことは不思議でもなんでもなく，同じ事象を繰り返し観測するときに生じる．当たりくじを偽陽性に置き換え

ると多重検定問題となる．つまり，20回も検定を繰り返したときには，個々の検定の有意水準を5％以下に抑えても，全検定において少なくとも一つの偽陽性が含まれる確率は64％となり，有意水準となる5％をはるかに超えてしまう．

多重検定時における有意水準を保証する方法の一つはボンフェローニ補正で，検定全体の有意水準を a 以下にしたいときには，個別の検定の有意水準を a/N として検定する方法である．ただし，この方法は保守的すぎる傾向があり，ゲノムワイド相関解析のように検定回数が極端に多い場合は，陽性であるものまで棄却してしまう第2種の過誤が起こりやすくなる．

4.5 FDR

ゲノムワイド相関解析においては，必ずしも P 値の順位が疾患との関連の強さを示すとは限らない．したがって，有意水準を厳しくすることは必ずしも本当の疾患関連変異遺伝子の選択につながらない．むしろ，帰無仮説が成立している遺伝子変異を適正な水準で排除することが重要となる．このような観点から，FDRという指標による有意性の検定法が提唱されている［Storey 2003］．

FDRによる有意差判定では，有意差がない場合の P 値（つまり偽陽性の P 値）の分布が一様分布になることを仮定し，有意差がある場合の P 値の分布が0付近で一様分布からずれることを利用する．すなわち，各SNPごとに求めた P 値の頻度分布から偽陽性が出現する頻度を推定し，陽性としたSNPの中から偽陽性が発見される割合が指定された水準（例えば5％）以下となるような P 値を閾値（Q 値）として有意なSNPを検出する．一般に，P 値のヒストグラムをとると，0から1の間にほぼ一様に分布するが，遺伝子変異と疾患の間に相関がある場合は0近辺での頻度がやや高くなりピークができる．Q 値は，このピークに対して，偽陽性を一様分布とみなしたときの割合がFDRで定めた有意水準以下となるぎりぎりの P 値を示す（**図4.1**）．

FDRを用いた有意差判定法は統計的手法としては有用であるが，それだけで十分というわけではない．有用遺伝子変異のスクリーニングを効率化するために，ハーディ・ワインバーグ（Hardy-Weinberg）の法則の確認，χ^2 分布からのずれの確認，階層的スクリーニングなどの技法が用いられている．

図 4.1　FDR と Q 値

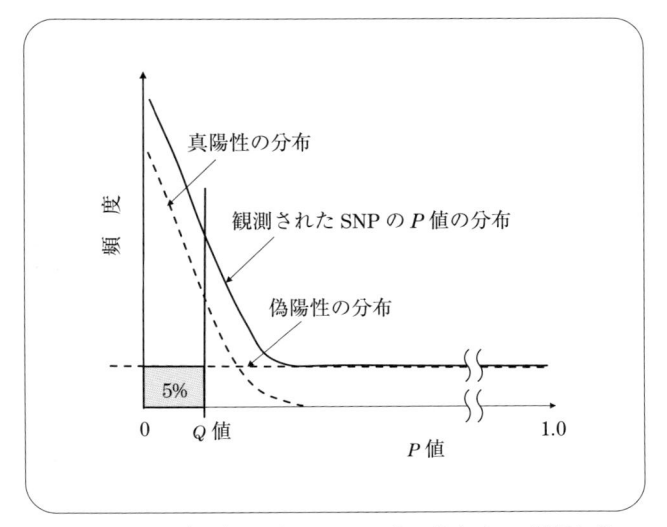

FDR では，観測された SNP の P 値の分布は，0 近辺に集中している真陽性の分布と偽陽性の一様分布との混合分布であると仮定する．偽陽性の生起確率を P 値の分布から推定できれば，帰無仮説が棄却された SNP の中に偽陽性が含まれる確率がたかだか有意確率（5% など）以下になるような P 値（Q 値）を求めることができる．

ハーディ・ワインバーグの法則とは，自由に交配している集団においては，対立遺伝子 w と m の頻度を p, q ($p + q = 1$) としたときに，遺伝子型頻度（ww，wm，mm）がそれぞれ（pp, $2pq$, qq）となるという法則である．ゲノムワイド相関解析において観測された遺伝子型頻度がハーディ・ワインバーグの法則から逸脱している場合は，データのノイズ，サンプリングの偏り，特殊な選択圧の有無などの確認が必要となる．

χ^2 分布からの逸脱は，データのノイズが大きい場合や，スクリーニングに用いた遺伝子変異のプローブに設計上の偏りがあるような場合に生じる．例えば，リュウマチ（rheumatism）の患者群に対して主要組織適合遺伝子複合体（MHC）を調べるためのプローブを多数含む DNA アレイを用いた場合，MHC 関連のプローブが強く反応してしまい χ^2 分布から逸脱してしまうという［Peason 2008］．

階層的スクリーニングはコストを抑えながら検出力を高めるために用いられる．最適な階層的スクリーニング方法というのはまだ確立していないが，はじめに，多数の SNP を同時に調べられる DNA アレイを用いて有用 SNP のスクリーニングを行い，徐々に，より精度の高い手法で，より多くのサンプルを用いて疾患関連 SNP を同定する方法が一般的である．このとき，最初のスクリーニングで SNP を絞りこみすぎないようにすることが重要であるという［Peason 2008］．

4.6 糖尿病ゲノムワイド相関解析

近年,ヨーロッパにおいて,SNPを用いた2型糖尿病に関する数千人規模のゲノムワイド相関解析（GWAS）が行われ,新規疾患関連候補遺伝子が多数見つかったことが大きな話題になった［DGI 2007, Scott 2007, Sladek 2007, Steinthorsdottir 2007, Zeggini 2007, WTCCC 2007］.Frayling, T. M. は,これらの結果を詳細に分析し,ゲノムワイドな相関解析が多因子疾患解析に向けて,新たな時代に突入したと論じている［Frayling 2007］.一般に,SNPを用いた相関解析では対象とした集団に固有な性質を反映してしまい,ある集団に特徴的な変異を見つけても別な集団では再現しにくいという問題があった.このような集団固有の変異は,対象とする集団を大きくすることにより減らすことができる.数千人規模での相関解析では,ケースとコントロールの間での変異遺伝子比率のオッズ比（Odds ratio : OR）がわずかであっても,検出された変異は疾患に対して何かしら影響を持つことが期待できる.

ヨーロッパにおける2型糖尿病の大規模相関解析では,表 4.3 に示すような,10番染色

表 4.3 2型糖尿病ゲノムワイド相関解析

報告者	集団	変異	オッズ比	ケース〔人〕	コントロール〔人〕	観測法	文献
Diabetes Genetics Initiative	フィンランド人スウェーデン人	rs7903164	1.33	1 464	1 467	約39万 SNPs	Science 2007
Scott, L.J., et al.	フィンランド人	rs7903184	1.34	1 161	1 174	約32万 SNPs	Science 2007
Sladek, R., et al.	フランス人	rs7903146	1.65	1 363 2 617	1 363 2 894	約39万 SNPs 57SNPs	Nature 2007
Steinthorsdottir, V., et al.	アイスランド人	rs7903146	1.38	1 399	5 275	約34万 SNPs	Nature Genetics 2007
Zeggini, E., et al.	メタ解析	rs7901695	1.37	14 586	17 968	メタ解析	Science 2007
The Wellcome Trust Case Control Consortium	英国人	rs7903146	1.36	2 000	3 000	約47万 SNPs	Nature 2007
Horikoshi, M., et al.	日本人	rs7903146	1.69	1 205	824	5SNPs Direct Sequencing	Diabetologia 2007
Hayashi, T., et al.	日本人	rs7903146	1.31	1 630	1 064	4SNPs TaqMan法	Diabetologia 2007

4.6 糖尿病ゲノムワイド相関解析　*41*

体のq腕に存在するTCF7L2という遺伝子の変異rs7903146, rs12255372が見つかり注目を集めた．その理由として，人種，民族の枠を越えて普遍的に再現性があったこと，イントロン（intron）における変異であったこと，それまでに糖尿病に関連しているとは考えられていなかった新規遺伝子の変異が相関解析でみつかったこと，などがあげられる．10番染色体のq腕はマイクロサテライト（micro satellite）を用いた連鎖解析から疾患関連候補遺伝子の存在が予見されていた［Reynisdottir 2003］．数千人という大規模集団に対してゲノムワイドに詳細なSNP相関解析を実施することにより，従来方法では見落とされていた新規疾患関連候補遺伝子の同定が可能であることを示唆している．

　TCF7L2遺伝子の4番目の102塩基長と短いエクソン（exon）の周辺には前後のイントロンの一部を含む形でおよそ92.1キロ塩基にわたる連鎖不平衡領域があることが知られている［Grant 2006］（図4.2）．TCF7L2の変異（rs7903146, rs12255372）の頻度はアジア人では低い［Horikoshi 2007, Hayashi 2007, Chang 2007］ことを併せて考えると，これらの変異が生じたのは比較的新しく，ヨーロッパ人に特徴的な変異である可能性が高いことを示唆している．

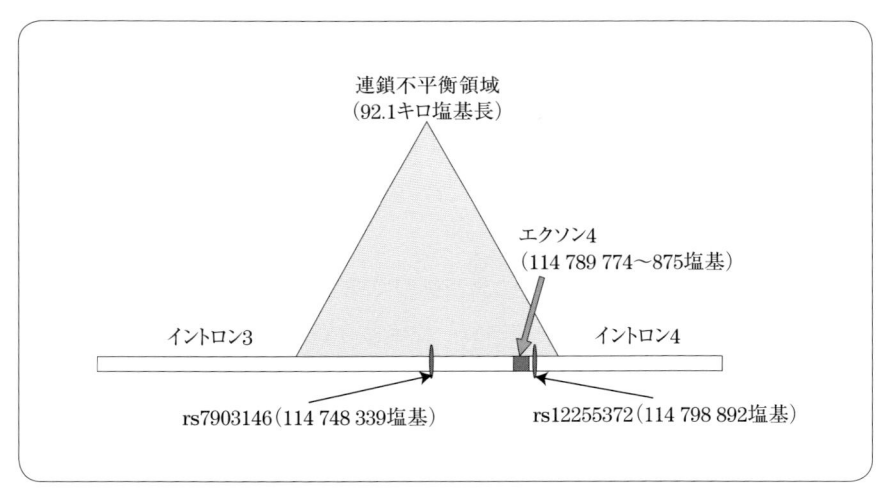

ヨーロッパにおけるゲノムワイド相関解析で同定されたrs7903146, rs12255372の二つのSNPはTCF7L2遺伝子の長さ102塩基の短い4番目のエクソンの周辺のイントロン領域に存在する．エクソン4の周辺には幅約92.1キロ塩基長の連鎖不平衡領域が存在し，この領域内での変異は二つのSNPと強い相関を持つ［Grant 2006］．
図4.2　TCF7L2遺伝子エクソン4周辺における連鎖不平衡領域

　TCF7L2遺伝子と2型糖尿病との関係はまだ解明されてはいないが，TCF7L2の変異（rs7903146）をホモで持つ人は膵臓のβ細胞（β cell）におけるインスリン（insulin）分泌量が少ない人との相関が高いといわれている［Florez 2006, Dahlgren 2007］．また，TCF7L2遺伝子をsiRNAを用いてノックダウンしたところ，ペルオキシソームのアポトーシス

(apoptosis) の頻度が増加し，インスリンの分泌量が減少したという [Shu 2008]．一方，アフリカ系米国人における調査では，rs7903146 変異の頻度がヨーロッパ系米国人よりも高いにもかかわらず 2 型糖尿病との相関は示さず，更に，インスリン分泌の低下との相関もないという [Elbein 2007]．真の理解に向けて今後の，更なる遺伝子変異と機能との関係の解明が待たれる．

4.7 候補遺伝子探索

　ゲノムワイドな相関解析は，全遺伝子を対象として変異の影響を調べることができるため，これまでに見落としていた新規の疾患関連遺伝子や疾患関連パスウェイを発見できるという利点がある．しかしながら，遺伝子の変異が生体機能にどのように影響するかを理解するためには，ケースとコントロールのような分類だけでは不十分であり，遺伝子が関与している形質及びその表現型に着目する必要がある．例えば，糖尿病に関しては，これまでの，候補遺伝子探索（candidate gene approach）研究からは，アドレナリン受容体（β 3AR），ミトコンドリア脱共役タンパク質（UCP），ペルオキシソーム増殖剤応答性受容体（PPAR）の三つの遺伝子が注目されている．ただし，これらの遺伝子がゲノムワイド相関解析でスクリーニングされることはほとんどない．

　アドレナリン受容体 β 3AR は，おもに脂肪細胞で発現している遺伝子である．運動をすると副腎よりアドレナリンが血中に放出され，交感神経を活性化する．脂肪細胞はアドレナリンで刺激されると，中性脂肪を分解し，脂肪酸をエネルギー源として血中に放出する．Walston, J. は 1995 年に米国先住民ピーマ（Pima）族において，β 3AR の 64 番目のアミノ酸がトリプトファン（W）からアルギニン（R）に変異した糖尿病患者が多いことを発見した [Walston 1995]．ピーマ族は生活習慣の近代化により 2 型糖尿病患者が多数発生したことで知られており，糖尿病疾患候補遺伝子研究の調査対象となっている．日本人女性に対する調査では，W64R の変異を持たない女性は運動量やカロリー制限量に比例して体重が減るのに対し，この変異を持つ女性は運動やカロリー制限の量を増やしても効果が変わらないという報告がある [Shiwaku 2003]．ダイエットにおける β 3AR の役割を考えるうえで興味深い．

　UCP はミトコンドリアの内膜上に存在し，酸素呼吸で生産したエネルギーを ATP 生産に使わずに熱として放出してしまうタンパク質である．ミトコンドリア内膜においてプロトン（proton）の濃度勾配を増やす電子伝達系とプロトン濃度勾配を利用して ATP 産出ポンプを

回す酸化的りん酸化（oxidative phosphorylation）との共役から脱することから脱共役タンパク質と呼ばれている．

UCPにはUCP1，UCP2，UCP3の3種類がある．UCP1は褐色脂肪細胞（brown adipocyte）でおもに発現しており，熊などの冬眠動物では体温維持に役立っている．褐色脂肪細胞は，人の赤ん坊には存在するが，成長とともに少なくなるという．

UCP2は全身で，UCP3は筋肉細胞で発現している．ただし，どちらもエネルギー代謝の制御ではなく，活性酸素の発生の抑制に関与していると考えられている［Schrauwen 2002］．英国での，2 936人の英国人男性を対象とした15年にわたるコホート調査（cohort study）によると，UCP2とUCP3のプロモータ領域における変異が2型糖尿病の早期発病の因子になっているという［Gable 2006］．UCP2，UCP3の更なる機能解明が待たれる．

PPAR（peroxisome proliferator-activated receptor）は，長鎖脂肪酸（long chain fatty acid）の分解（βoxidation）を行うペルオキシソーム（peroxisome）というオルガネラ（organelle）を増やす働きのあるタンパク質である．1 300 Å^3（1.3 nm^3）という巨大なリガンド結合ポケット（ligand-binding pocket）を持ち，フィブラート（fibrate）や脂肪酸を含む多数の化合物と結合する．PPAR α，PPAR γ，PPAR δの3種があり，高脂血症や肥満の創薬ターゲットになっている．

PPAR αは，肝臓で発現しており，コレステロール量の制御のためのフィブラート系製剤が発売されている．PPAR αは，利き腕でない腕だけを鍛える片腕エクササイズの結果では，162番目のロイシン（L）がバリン（V）に変わる変異L162Vにおいて，男性の場合のみ，血中中性脂肪の濃度が増加し，鍛えていないほうの皮下脂肪が増えるという報告がある［Uthurralt 2007］．運動とSNPとの関係を考えるうえで興味深い．

PPAR γは，脂肪細胞で発現しており，チアゾリジン（thiazolidine）により刺激され，有害な肥満脂肪細胞にアポトーシスを引き起こして消滅させる作用がある（ただし，小型の脂肪細胞が増殖し，結果的に脂肪細胞数は増えてしまう）．PPAR γは，12番目のプロリン（P）がアラニン（A）に変わる変異P12Aを持つと2型糖尿病にかかるリスクが減るという結果が報告されている［Altshuler 2000］．ただし，この作用機序は明らかにされていない．

また，近年，メタボリックシンドロームとの関連から，PPAR δが肥満やインスリン抵抗性の改善のための創薬標的として注目を集めている［田中 2006］．PPAR δは，ほぼ全身に分布しており，筋肉細胞においては，脂肪酸の燃焼促進に関与している．マウスなどでの実験では，PPAR δの作用を強める化学物質を投与すると脂肪酸の取込みや，燃焼に関与する遺伝子群の発現が活性化されるという．

本章のまとめ

　数百万個のプローブを持つ高密度DNAアレイの出現により，数千人規模のゲノムワイドな相関解析が可能となった．ヨーロッパを中心に2型糖尿病の大規模なゲノムワイド相関解析が行われ，新規疾患関連遺伝子が相次いで報告された．特に，TCF7L2遺伝子は，民族間での再現性も高く，疾患との関係解明が急ピッチで進められている．しかしながら，相関解析では疾患への関与の可能性は判別できても遺伝子の機能との関連はわからない．この問題は生活習慣病のように関連する遺伝子が多数あり，環境要因と遺伝要因が複雑に絡み合う場合では特に顕著となる．遺伝子変異と疾患との関係を解明するためには，遺伝子発現，タンパク質発現，代謝ネットワークなど関連するさまざまな生命現象への遺伝子変異の影響を考慮する必要がある．

❶ **CDCV hypothesis**（common disease common variant hypothesis）：**CDCV仮説**；生活習慣病にも共通の遺伝子変異が存在するという仮説

❷ **genome-wide association study**：ゲノムワイド相関解析；ゲノム全体にわたって変異の有無を走査し，疾患と相関のある遺伝子の変異を統計的手法により推定し，疾患関連遺伝子を探索する方法

❸ **guilty by association**：推定有罪；遺伝子変異と疾患との間に相関があるというだけで疾患関連遺伝子とみなすこと

❹ **FDR**（false discovery rate）：偽発見率；多重検定において，各検定の帰無仮説を棄却する際に，偶然ではないと棄却した帰無仮説の中で誤って棄却した帰無仮説の割合

❺ **Q-value**：Q値；多重検定において，FDRが指定された有意水準となるような最大のP値

❻ **TCF7L2**（transcription factor 7-like 2 gene）：ヨーロッパにおける大規模ゲノムワイド相関解析により糖尿病の疾患関連遺伝子の一つとして同定された遺伝子

❼ **thrifty gene**：倹約遺伝子；エネルギー消費を抑えるのに貢献していると考えられている仮説遺伝子の総称

5 トランスクリプトーム解析

　細胞内で発現している転写産物（transcript）の総体をトランスクリプトーム（transcriptome）と呼ぶ．トランスクリプトームはどの遺伝子が活性化しているかという情報を反映しており，細胞の性質や応答を解析するための有力な手がかりとなる．

　本章では，トランスクリプトームを理解するために必要な高等生物の転写調節機構，解析手法並びにトランスクリプトームとゲノム変異解析を組み合わせた expression QTL（eQTL）解析について述べる．

5.1 トランスクリプトームとは

　遺伝子と表現型の関係を知るためには，ゲノムレベルでの変異だけでなく，遺伝子発現レベルでの変異をゲノムワイドに調べる必要があるという観点からトランスクリプトーム解析が注目されてきた［Brown 1999］．マイクロアレイ及び DNA アレイの高密度化により，トランスクリプトームは急激な発展をとげ，DNA 配列解析とともに，ゲノム研究の大きな柱の一つとして確立しつつある［Okoniewski 2008］．一方，高等生物の遺伝子発現制御メカニズムは予想以上に複雑であることが判明し，さながら，Borges, L. が描いた"The Book of Sand"のように，始まりも終わりもなく，開くたびに新しいページが追加される本のようだと揶揄されている［Mendes Soares 2006］．実際に，転写産物はゲノム上のいたるところで発現しており，精密に調べれば調べるほど，どこから，どこまでが一つの遺伝子領域なのかを明確に区別することが難しくなる［Carninci 2006］，といわれているほどである．タンパク質の情報を含まない非コード RNA（noncoding RNA：ncRNA）が多数存在しており，これが遺伝子発現の制御に関与していることがトランスクリプトームの複雑さに更に拍車をかけている［Gustincich 2006］．

　このような複雑なトランスクリプトームを解析するにはどうしたらよいのであろうか．この問題を解決するために，現在，ゲノム上のどこにどのような情報が書かれているという機能エレメント（functional element）についての解明が世界規模で進められている．この機能エレメントとしては，転写開始地点（TSS），発現制御領域（regulatory region），転写領域（transcriptional region），エクソン（exon），イントロン（intron）などがある．転写制御の解明には，更に，動的な遺伝子発現調節をもたらす DNA メチル化（DNA methylation），ヒストンアセチル化（histon acetylation），ヘテロクロマチン形成（heterochromatin）などのエピジェネティクス（epigenetics）に関する情報も必要である．このような観点から，米国では，ゲノム上のすべての機能エレメントを詳細にアノテーションする ENCODE 計画が 2003 年から発足している．既に，ヒトゲノムの 1% を解析するパイロットプロジェクトが完了し，全ゲノムの機能エレメントの解明に向けたプロジェクトが進行中である［ENCODE 2007］．日本では，機能エレメントの解明とトランスクリプトームの解明に向けてゲノムネットワークプロジェクトが進展中である［Genome NW］．

　トランスクリプトーム情報を正確に解釈するためには，個体差の影響についても配慮が必

要である．このような考え方から，近年，遺伝子発現（gene expression）を一つの量的形質とみなした解析法（eQTL）が注目を集めている［Gilad 2008］．eQTLでは，SNPの頻度と相関のある遺伝子発現を網羅的に解析することで，遺伝子間の発現制御関係を推測する．ただし，トランスクリプトーム情報は，ゲノム情報と異なり，個体差だけでなく，細胞種，性差，年齢，血液採取時間などの状況にも依存して変化するという点に注意が必要である［Whitney 2003］．また，DNAから転写されているからといって，すべての転写物に生物学的な意味があるとはかぎらない．このことはトランスクリプトーム情報を単純に統計的に解析しただけでは，そこから意味のある情報を引き出すことは困難であり，生命現象のモデルを仮定して理解することが必要なことを示唆している．

5.2　遺伝子発現機構

　リボソームやtRNAを除けば，遺伝子は基本的にはタンパク質の情報を有しており，遺伝子発現は転写因子と呼ばれている一連のタンパク質によって制御されているというのが，古典的な遺伝子発現制御のメカニズムであった．実際に，約6 000個の遺伝子を持つ酵母においては，142個の転写因子と3 420個の遺伝子の間で7 074本のリンクを持つ相互作用ネットワークが同定されている［Luscombe 2004］．しかしながら，マウスやヒトのトランスクリプトーム解析が進むにつれ，古典的な遺伝子発現制御メカニズムをはるかに越える複雑な遺伝子発現機構の存在が明らかになってきた．多細胞生物では，進化の過程において，遺伝子の数を増やす代わりに，同じ遺伝子から少し異なるタンパク質を生成することにより，細胞に個性を与える戦略をとったと考えられている［Benz 1997］．多細胞生物に特異的な遺伝子発現制御機構としては，同一の遺伝子領域からエクソンの組合せを変えることで異なるmRNAを作り出す選択的スプライシング機構（alternative splicing），転写を開始（及び停止）する場所を変えることで異なるmRNAを作り出す転写開始点の多重化機構，遺伝子配列と反対側のDNA鎖上の転写領域によるセンス/アンチセンス転写制御機構，ゲノムのいたるところに存在している非コードRNA（ncRNA）の存在などがあげられる（**図5.1**）．

　高等生物の遺伝子領域は数万から数十万塩基対の長さに及び，数個から数十個のエクソンが偏在している．そのほとんどはタンパク質の情報を持たないイントロンであることから，「イントロンの海に浮かぶエクソンの島」と形容されている．選択的スプライシングは，mRNAからイントロンを除去する際に，タンパク質の情報を有しているエクソンの組合せ

48   5. トランスクリプトーム解析

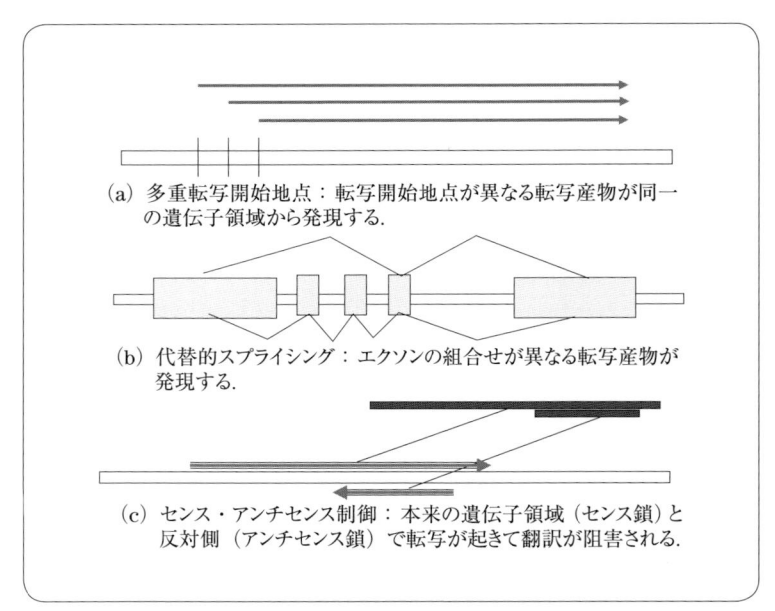

- (a) 多重転写開始地点：転写開始地点が異なる転写産物が同一の遺伝子領域から発現する．
- (b) 代替的スプライシング：エクソンの組合せが異なる転写産物が発現する．
- (c) センス・アンチセンス制御：本来の遺伝子領域（センス鎖）と反対側（アンチセンス鎖）で転写が起きて翻訳が阻害される．

図 5.1　多彩な遺伝子発現機構

を変えることにより，アイソフォーム（isoform），すなわち，全体としては似ているが部分的に異なるアミノ酸配列を生成する機構である［Holste 2008］．選択的スプライシングにより，ヒトの遺伝子では一つの遺伝子領域から平均 5.4 種の転写産物が生成されているという．選択的スプライシングで最も有名なのはショウジョウバエの Dscam 遺伝子で，四つの選択的スプライシング部位（12 通り，48 通り，33 通り，2 通り）が直列しており，理論上は 38 000 通り以上の組合せがあるという．これは，ショウジョウバエの全遺伝子の総数（約 14 000 個）よりも多い［Graveley 2005］．

　既知のエクソン部位から転写産物の先頭側（5'側）及び後尾側（3'側）に向かって cDNA を高速に増幅する RACE 法と，プローブをある一定間隔で敷き詰めたタイリングアレイ（tiling array）を組み合わせた RACE/array 法により，正確な発現部位のマッピングが可能となった［Kapranov 2005］．この方法により，従来知られていたエクソンよりも数千塩基から数万塩基も離れた部位を含む転写産物や，遺伝子情報が含まれている DNA 鎖（センス鎖）と反対側の DNA 鎖（アンチセンス鎖）の情報を含む転写物や異なる遺伝子に属しているエクソンどうしを結びつけた転写産物などが見つかっている．更に，cDNA ライブラリを用いたより詳細な解析からは，従来，1 本と思われていた長い非コード RNA は短い非コード RNA が多数集まったクラスタであり，このクラスタから生成されるマイクロ RNA（miRNA）が X 染色体の不活化や父親由来の遺伝子発現を選択的に抑制するゲノムインプリンティング（genomic imprinting）に関与する遺伝子の発現制御に関与していることが判明した［Furuno 2006］．ただし，ほとんどの非コード RNA についてはその生物学的な機能については解明さ

れておらず，実際に生物学的な機能があるとはかぎらない．トランスクリプトーム情報は多くの有用な情報を提供するが，その解釈には転写に関する高度な知識を要するということに十分な注意が必要である．

5.3 遺伝子発現解析

　トランスクリプトーム解析は，数十塩基のプローブを多数並べた高密度 DNA アレイの開発により飛躍的な発展を遂げた．2008 年の時点において，最新の高密度 DNA アレイは制御用プローブを含めて約 650 万個のプローブを備え，約 140 万箇所（1 箇所につき 4 プローブ）の転写産物の発現量を蛍光スキャナのシグナル値として測定することが可能となっている [Okoniewski 2008]．DNA アレイから得られたシグナル値を解析するための方法論はアレイ設計とともに大きく変化してきているが，ワークフローとしては，正規化（normalization），フィルタリング（filterling），アノテーション（annotation），クラスタリング（clustering）のステップから構成される．

　正規化は，複数のチップ間で遺伝子発現情報を比較するためにシグナルの大きさの平均値や分布をそろえる作業である．実験データにはノイズがつきものであり，実験手順上の不手際，サンプルの状態，試薬の拡散のばらつきなどさまざまな要因により，一部のプローブのシグナル値が異様に高くなったり，低くなったりする．このようなプローブを異常値として取り除くと，遺伝子発現情報のシグナル値はおおむね対数正規分布，すなわち，シグナル値に比例してノイズも大きくなるような分布を示す．正規化の手法はいくつか知られているが，現在，広く使われている方法は，分位点正規化法（quantile normalization）である [Bolstad 2003]．分位点正規化法では，複数個の DNA アレイデータがあるときに，それぞれの DNA アレイでのシグナルの分布曲線が同じになるようにシグナル値を調節する．具体的には，各アレイにおいてシグナル値をソーティングし，ソーティング後の各順位においてアレイ間の平均値を計算し，シグナル値を平均値に置き換え，順位をソーティング前の位置に戻すことで正規化する．分位点正規化法は簡便で適応範囲が広いが，アレイ間のノイズにばらつきがある場合でもデータを強制的に平均値にそろえてしまうという問題がある．この問題を解決する方法の一つとして，平均値に置き換えるのではなく，対数正規分布と一致するシグナル値だけを採用する 3 変数対数正規分布正規化法が提案されている [Konishi 2004]．この方法では，遺伝子発現を示すシグナル値は対数正規分布に従うという前提から，スキャナ

などの影響でシグナル値が減衰したプローブやバックグランドノイズとの区別がつきにくいプローブが自動的に排除される．

　フィルタリングは信頼性のないプローブセットを除去する作業である．高密度アレイにおいてプローブセットが140万個あるということは，かりに実験誤差が5%だったとしても，7万個の偽陽性が存在することになる．FDR（false discovery rate）やQ値は偽陽性の混入率を下げるのに役立つ指標であるが，どのシグナルが偽陽性かどうかを示すものではない．閾値が低すぎると偽陽性が増え，高すぎると有用な情報を逃がすおそれがある．シグナル値の信頼性が落ちる要因としては，プローブが複数のDNA領域にヒットしている場合，実験により生じたDNAアレイ上のしみ（汚れ），PCR（polymerase chain reaction）によるDNAの増幅やプローブとのハイブリダイゼーションにおける揺らぎの影響などがある．一般に，プローブが複数の領域にヒットしているとそのシグナル値の挙動は不安定となる．選択的スプライシングが起きると，あるプローブセットの一部だけシグナル値が半減あるいは消える場合がある．また，転写産物が十分に発現していないプローブセットのシグナル値はバックグランドノイズと同程度となってしまう．したがって，シグナル値が低く，かつ，実験間で変化が乏しいプローブセットの信頼性は低いので除去するのが望ましい．一方，ハイブリダイゼーションが起きやすいプローブ，PCRで増幅しやすいプローブの場合には，実験を繰り返す間に，偶然の作用により，あるアレイだけが高いシグナル値を呈することがある．このような観点から，McClintick, j. N. らはいくつかのフィルタリング法を定量的に比較し，シグナル値の絶対値や倍率の差は必ずしも有効ではなく，各プローブセットに転写産物が正しく結合したかどうかを判定（present/absent）の基準として，一連の実験において，少なくとも半分以上のDNAアレイにおいてpresentと判定できたプローブセットを有効とする方法が良好な結果を生むと報告している［McClintick 2006］．

　アノテーションは，個々のプローブセットのシグナル値に生物学的な意味を与える工程である．シグナル値の変化の意味を正しく解釈するためには，単純にプローブセットのシグナル値の変化を統計的に比較するだけでは不十分であり，ゲノム配列情報や文献情報を基に，個々の遺伝子の発現機構に関する知識を反映させる必要がある．具体的には

① どのプローブセットがエクソン，イントロン，転写産物，及び遺伝子にヒットしているか
② どのプローブセットが既知遺伝子の間にヒットしているか
③ それらは，DNA配列データベースに登録されている配列か遺伝子予測プログラムで発現可能性が予測されているか
④ どの遺伝子あるいは転写産物の発現が変化しているか
⑤ 選択的スプライシングの可能性があるかどうか

などを考慮する必要がある．

　クラスタリングは，膨大なシグナル情報を整理して，「生物学的に意味がある」遺伝子群を抽出するための工程である．歴史的には，シグナルの発現量の変化に注目し，遺伝子発現量が2倍以上増加したグループを「赤」で，2倍以上減少したグループを「緑」で表現し，倍率の変化に応じて明暗を加えることで似たような遺伝子発現変化している遺伝子群を見つける階層的クラスタリング手法が用いられてきた [Gasch 2000]．ある比較実験，例えば，試薬を入れた細胞と試薬を入れる前の細胞，突然変異を起こした細胞と起こす前の細胞，がん化した細胞とがん化していない細胞の遺伝子発現情報が得られたとき，これらの実験において遺伝子発現の差が大きい遺伝子群に注目するのは生物学的に自然な考え方である．しかしながら，遺伝子の発現比が大きいからといって，そのような遺伝子を生物学的に意味のある遺伝子とみなしてよいかどうかについては十分な検討が必要となる．クラスタリングのポイントは，つきつめれば，意味があると判断した遺伝子群の中から，いかにして偽陽性となる遺伝子群を減らすかにある．この問題を解決する代表的なアプローチとして統計的理論に基づく SAM（significance analysis of microarray）法と生物学的直観との整合性を重視した RP（rank product）法が提案されている．

　SAM 法は，Tusher, V. G. らによって提案された遺伝子発現情報解析法であり，複数回の繰返し実験（レプリカ）があったときに，統計的な観点から偶然高い発現比をもたらしたと判定される遺伝子を排除することにより偽陽性を取り除く方法である [Tusher 2001]．SAM 法ではレプリカの間でパーミュテーションテストを行い，期待値からの差分（relative distance）が大きい遺伝子を「意義のある遺伝子」とする．遺伝子ごとにノンパラメトリックな検定を行うので統計的には信頼性の高い結果を返す．ただし，統計的に意義があることと，生物学的に意義があることとは必ずしも一致するわけではない点に注意が必要である．

　Breitling, R. らは，より簡便で，生物学者の直観とも整合性を持ち，かつ，統計的な処理が可能な方法として，発現比の変化の順位を遺伝子数で割った「確率」の積を指標とした RP 法を提案した [Breitling 2004]．RP 法では，発現比の値そのものを扱うのではなく，相対的な順位に着目する．そして，1位と10位，10位と100位，100位と1000位の差を同程度とみなすことにより，発現比が高い遺伝子に対数オーダでの優先順位を与える点に特徴がある．これにより，生物学者が持つ直観に近い「良い遺伝子」を選択できるという．

　Jeffery, I. B. ら は SAM, ANOVA, empirical Bayes t-statistics, Template Matching, maxT, BGA, ROC, Welch t 検定，Fold Change, Rank Products の各方式を解析し，方式間で結果に差が出るかどうかを比較した．この報告によると，全部の方式で共通に選ばれた遺伝子は全体の8〜21%にすぎず，結果はノイズの高低，サンプル数の多少により，方式ごとに得意とする傾向が異なるという [Jeffery 2006]．このことは，すべての場面において万能な DNA ア

レイの解析方法はなく，複数の方式を組み合わせて多面的にデータを解釈することが必要なことを示唆している．

5.4 expression QTL 解析

　高密度 DNA アレイを用いた遺伝子発現情報は多くの有用な情報をもたらすが，遺伝子発現情報だけを用いた解析には明らかに限界がある．その一つの大きな理由が個体差の影響である．このような観点から，近年，eQTL（expression QTL）解析が急速に注目を集めている．eQTL では，遺伝子発現量そのものを定量的な形質とみなし，SNP の出現頻度との相関をゲノムワイドに調べる．これにより，遺伝子発現における「遺伝性」の検出，人種，民族に固有な遺伝子発現などの解析が期待できる．eQTL の研究は始まったばかりであり，まだ方法論として確立しているわけではないが，遺伝型と個体レベルの表現型を結ぶ中間的な分子レベルの表現型の解析手法として位置づけることができる．具体的には，遺伝子発現におけるシス因子制御（CRA），トランス因子制御（TRA）に関係した量的形質遺伝子座（QTL）の発見を目的としている（図 5.2）．シス因子制御は，プロモータ配列など対象となる遺伝子と同じ染色体にある変異による遺伝子発現調節である．トランス因子制御は転写因子など他の染色体上にある変異による遺伝子発現調節である．キイロショウジョウバエ（*D.melanogaster*）とオナジショウジョウバエ（*D.simulans*）という 2 種のショウジョウバエの交配実験によると，種間で発現比が大きく異なる 29 個の遺伝子（1.1 倍から 6.7 倍の発現比）のアレルごとの発現比を調べたところ，28 個はシス因子制御，1 個がトランス因子制御で，トランス因子制御の影響を受けているシス因子制御は 16 個（55％）であったという［Wittkopp 2004］．

　eQTL 解析において，SNP と遺伝子発現との相関は，例えば，SNP のメジャーアレルの本

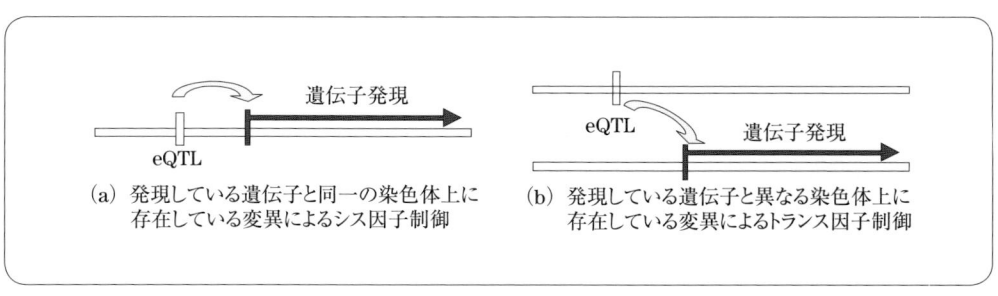

(a) 発現している遺伝子と同一の染色体上に存在している変異によるシス因子制御

(b) 発現している遺伝子と異なる染色体上に存在している変異によるトランス因子制御

図 5.2　シス因子制御とトランス因子制御

数（0本，1本，2本）に対する遺伝子発現レベルの変化を線形回帰直線でモデル化することで求められる．メジャーアレルの数に遺伝子発現は影響しないという帰無仮説をたてることにより，このような線形回帰直線が偶然得られる確率として，P値を求めることができる．ゲノムワイドにこのような eQTL 解析を適用する場合，連鎖不平衡の影響，民族間の違い，家庭環境及び社会環境の影響，プローブのアーティファクト，シス因子と遺伝子との最大距離（100 キロ塩基で十分かどうかなど）などについて十分な考察が必要となる．また，多重検定問題となるため，偽陽性を排除するための閾値の設定も結果に影響する［Stranger 2005］．

以下，eQTL 解析の事例について紹介する．多くの事例で，遺伝子発現は「遺伝性」を持つと報告されている．しかしながら，狭義の遺伝率（heritability），すなわち，相加的遺伝分散を表現型分散で割った値が 0.5 以上となる eQTL は全体の 5% 程度であり，0.3 以上となる eQTL が約 40% という［Gilad 2008］．

Stranger, B. E. らは，国際 HapMap 計画のヨーロッパ，アフリカ，アジアの各集団 90 人ずつにおいて，親子関係がないサンプルを選び，遺伝子発現との相関を線形回帰法を用いて調べ，統計的に有意な 1348 遺伝子のシス因子制御と 180 遺伝子のトランス因子制御を同定した［Stranger 2007］．シス因子制御の同定では遺伝子発現部位の中心から上流 1 メガ塩基，下流 1 メガ塩基の範囲にある SNP を調べた．トランス因子制御の同定では，すべての SNP についてゲノムワイドに調べるのは困難であるため，シス因子制御と同定された SNP，非同義 SNP（アミノ酸置換を伴う SNP），スプライシングに影響する可能性のある SNP，マイクロ RNA 内の SNP など約 25 000 個に絞って調べた．同定されたシス因子制御やトランス因子制御は集団ごとに大きく異なっており，民族間の差異及び集団サイズと検出力の関係などについて更なる検討が課題となっている．

Dixon, A. L. らは，英国人の 400 人の小児喘息患者を持つ 206 家族のサンプルを用いて遺伝子発現と SNP との相関解析を行い，親子間で遺伝性が高い（遺伝率 0.3 以上），6 660 個の SNP を同定した［Dixon 2007］．残念ながら，小児喘息患者と非患者との比較からは小児喘息関連遺伝子の同定にまでは至らなかったが，遺伝率の高い SNP と GO（gene ontology）との対応を調べたところ，シャペロンや熱ショックタンパク質関係の遺伝子が親子間での遺伝性が高いという結果を得た．ゲノムワイドな遺伝子機能の探索法として興味深い．

Goring, H. H. H. らは米国における心臓病の患者 1 240 人のサンプルを用いて，遺伝子発現と SNP との相関解析を行った．47 289 プローブのアレイから最終的に 19 648 プローブを選択し，その 85% にあたる 16 678 個について，性差，家族関係，遺伝的変異を配慮し，マルコフチェインモンテカルロ（MCMC）法を用いた連鎖解析により遺伝性があることを確認した．シス因子制御の P 値とリポプロテインコレステロール（HDL-C）血中濃度との相関度

の散布図から，HDL-C 候補遺伝子として VNN1 を同定した［Goring 2007］．このアプローチでは，SNP と遺伝子発現及び HDL 血中濃度との相関をそれぞれ単独に調べたのでは疾患関連遺伝子の同定に結びつかず，二つの相関のパレート最適解を求めることにより疾患関連遺伝子の同定に結びつけた点で興味深い．

本章のまとめ

　高等生物の遺伝子発現調節機構は極めて複雑であり，転写因子だけでなく，選択的スプライシング，多重転写開始地点，センス/アンチセンス制御，非コード RNA など，多種多様な遺伝子発現調節機構が存在する．数百万個以上のプローブを備えた高密度 DNA アレイにより，このような遺伝子発現調節機構が生み出すトランスクリプトームをゲノムワイドに解析することが可能となってきた．eQTL は遺伝子発現を量的形質とみなすことで，遺伝子変異と遺伝子発現量変化との相関を求める．ゲノムワイドな探索による新規疾患関連遺伝子の発見につながる有力なアプローチの一つであり，今後の展開が期待される．

❶ **Alternative splicing**：**選択的スプライシング**；エクソンの組合せを選択的に変更することで異なる転写産物を生成する機構

❷ **DNA array**：**DNA アレイ**；cDNA の断片を高密度にアレイ上に並べたトランスクリプトーム解析用デバイス．cDNA をスポッティングしたものは DNA マイクロアレイ，数十塩基の合成 DNA を並べたものは DNA アレイとも呼ばれている．

❸ **eQTL**（expression quantitative trait loci）：**遺伝子発現量的形質遺伝子座，発現 QTL**；遺伝子発現を量的形質（quantitative trait）と見立てたときに，量的形質の変化と相関している遺伝子座（loci）

❹ **multiple transcription start site**：**多重転写開始点**；遺伝子の転写開始点が複数個あること

❺ **ncRNA**（noncoding RNA）：**非コード RNA**；タンパク質に翻訳されない RNA．他の遺伝子発現を抑制している ncRNA が知られているが，多くは機能未知

❻ **sense/antisense transcription**：**センス/アンチセンス転写制御**；同一の遺伝子領域のセンス側（遺伝子があるほう）とアンチセンス側の両方で転写が起きること．アンチセンス側が発現すると mRNA の相補鎖として結合するのでタンパク質翻訳が抑制される．

❼ **transcriptome**：**トランスクリプトーム**；細胞内で発現している転写産物の総体

6 プロテオーム解析

　細胞内で発現しているタンパク質の総体をプロテオーム（proteome）と呼ぶ．細胞内での生命現象はタンパク質が主体なので，プロテオームのほうがトランスクリプトーム（transcriptome）よりも実際の生命現象を忠実に反映していると考えられている．実際，多くの遺伝子において転写発現量とタンパク質発現量は一致しておらず，タンパク質の発現量を調整するための転写後発現調節機構の存在が生命現象に大きく関与していることを示唆している．

　本章では，プロテオーム解析技術の現状と，得られたプロテオームを解釈するためのタンパク質間相互作用ネットワーク解析，転写後発現調節機構，診断バイオマーカ探索について述べる．

6.1 プロテオームとは

プロテオーム解析技術の進展は著しく，質量分析法（mass spectrometry：MS）により，すでに6 000種を超えるタンパク質の同定が可能となっている［Bergeron 2007］．これにより，トランスクリプトームと同様に，ゲノムワイドなタンパク質の発現量の解析が可能になりつつある［Cox 2007］．プロテオームは，生命現象の主体であるタンパク質の発現量を直接測定することができるため，トランスクリプトームよりも豊富な情報を含んでいる．ただし，以下に述べるような理由により，トランスクリプトーム解析よりも解析は難しい［Kussmann 2006］．

第1の理由は，タンパク質の多様性である．トランスクリプトームの場合，測定対象は4種の塩基から構成されるRNAあるいはそれを逆転写したDNAである．このため，分子としては比較的均一な構成となっている．これに対し，タンパク質の場合，構成要素は20種類のアミノ酸であり，更にさまざまな化学的修飾が加わっている．アミノ酸は，それぞれ，極性，大きさ，疎水性などの特性が大きく異なる．また，DNAにおけるPCR（polymerase chain reaction）のようにアミノ酸配列を複製する手段もない．このため感度の良い計量が必要となる．

第2の理由は，タンパク質の発現量のばらつきが大きいことである．タンパク質の発現量は細胞内で10^6，細胞間の差異を含めると10^{10}のダイナミックレンジを持つ．質量分析法の感度はたかだか10^4程度なので，このことはすべてのタンパク質の発現量を同時に観測することが困難であることを示している．

第3の理由は，タンパク質の量は状況依存だということである．細胞周期では，ユビキチン（ubiquitin）及びプロテアーゼ（protease）の働きにより，意図的にタンパク質が分解されている．シグナル伝達（signal transduction）ではりん酸基の付加の有無により，酵素の活性状態が大きく変化する．このことは，プロテオーム情報の解釈には，対象としている生命現象に関する知識が不可欠なことを意味している．

第4の理由は，転写後発現調節機構（posttranscription expression regulation）の存在である．遺伝子の発現量とタンパク質の発現量は必ずしも一致せず，リボソームの結合頻度，使用コドン頻度，tRNA発現量などにも依存する．発現制御はどちらかといえば要求駆動的であり，タンパク質の量的変化を迅速に行うために，転写産物のままでプールしているので

はないかと考えられている．

プロテオームの解析方法には，等電点（IP）や分子量でタンパク質を分離する二次元電気泳動法（two-dimensional electrophoresis）と，タンパク質を分離せずにそのまま質量分析法を適用するショットガン法がある［Falk 2007］．二次元電気泳動法では数千のスポットに分かれるが，各スポットのタンパク質を同定するには，更に，スポットを切り出して質量分析法を適用する必要がある．ショットガン法では，抗体などにより特定のタンパク質と結合している複合体を解析することができる（**図 6.1**）．感度の高いフーリエ変換イオンサイクロトロン共鳴型（FT-ICR MS）では前処理をせずに直接試料を質量分析することもできる．

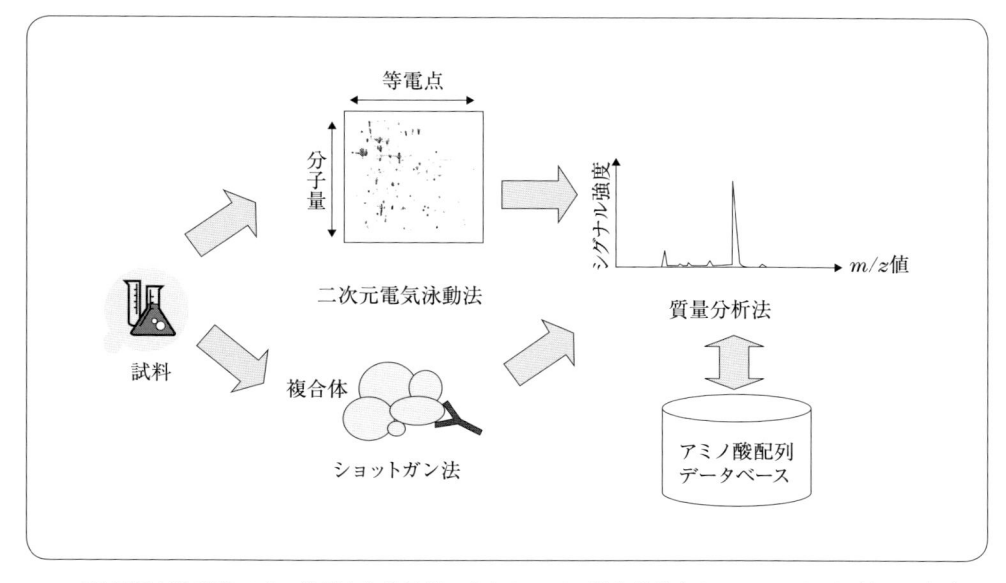

二次元電気泳動法では，等電点と分子量によりタンパク質を分離する．ショットガン法では免疫沈降法などでタンパク質あるいはその複合体を分離する．質量分析法では質量電荷比（m/z 値）に対するシグナル強度から含まれているペプチド断片を推定する．ペプチド断片をアミノ酸配列データベースから検索して試料に含まれているタンパク質を同定する．
図 6.1 質量分析法によるタンパク質の同定

質量分析法では，観測された分子の質量，正確には質量 m をイオン価 z で割った質量電荷比（m/z 値）から対応するペプチド配列を推定し，可能なペプチド配列の組合せをタンパク質データベースで検索することでタンパク質を同定する．m/z 値を既知のペプチド断片の質量数データベースに照会することによりタンパク質を同定する方法をペプチドマスフィンガープリンティング法（PMF）という［Pappin 1993, Henzel 1993］．PMF 法は簡便で迅速であるが，混合物の同定や翻訳後修飾を受けたアミノ酸残基が存在する場合の同定が困難という問題を持つ．この問題を解決するために，同定したペプチド断片を更に質量分析計にかけて，ペプチド断片の系列からタンパク質を同定するペプチドマスシークエンスタグ法（PST）が提案されている［Perkins 1999］．PST 法では，ペプチドを N 末端（N-terminus）から切断し

たときのb系列と，C末端（C-terminus）から切断したときのy系列が得られる．b系列及びy系列の差分は基本的にはペプチドを構成するアミノ酸に対応している．ただし，観測される m/z 値には，試薬やりん酸基の m/z 値が付加されている場合や，同位体（^{13}C, ^{15}N）の含有量の違いなどの影響が含まれている場合があるため，さまざまな可能性を考慮しながら確率的に配列の予測を行う必要がある [Perkins 1999]．

　二次元電気泳動法ならびに質量分析法に関しては，多数の解析ソフトウェアがアカデミックならびに商用システムとして開発されている [Plagi 2006, Lisacek 2006]．Balgley, B. M. らは，著名な質量分析法でのペプチドの同定ソフトウェア（Mascot, OMSSA, X!Tandem, Sequest）について，タンパク質配列を逆向きにした囮配列（既知の偽陽性）を用いた偽陽性検出能力（false discovery rate：FDR）の比較を行った [Balgley 2007]．この比較によると，同一実験データに適用したときの検出力と偽陽性の混入頻度は解析ソフトウェアにより大きく異なるという．Mascot は 9 173 個のペプチド断片から 1 880 個のタンパク質を 5％の FDR で同定した．Sequest は 9 806 個のペプチド断片から 2 082 個のタンパク質を 10％の FDR で同定した．同定するタンパク質の数を減らして偽陽性の率を下げるのがよいのか，偽陽性の率があがっても可能性のあるタンパク質を拾い上げるのがよいのかは解析の目的により異なるが，質量分析法から同定されたタンパク質の解釈にあたっては偽陽性の混入について十分な注意が必要であることを示唆している．

6.2　タンパク質間相互作用ネットワーク

　細胞内の生命現象ではタンパク質とタンパク質との間の相互作用が重要な働きをしている．このような相互作用を検出する実験方法として，イースト 2 ハイブリッド法（Y2H）[Ito 2001]，タンデムアフィニティピューリフィケーション法（TAP）[Puig 218] などが提案されている．Y2H 法や TAP 法をすべてのタンパク質の組合せに適用することで，ゲノムワイドなタンパク質間相互作用の検出が可能となる．一方，過去の実験で検出されたタンパク質間相互作用については，文献または相互作用データベース（DIP, BIND, MIPS, MINT, REACTOME など）から集めることができる．一般に，ゲノムワイドな実験のデータには偽陽性や偽陰性が多く，文献やデータベースの情報は精度は高いが含まれているタンパク質間相互作用が少ないという傾向がある．

　タンパク質間相互作用をゲノムワイドに調べ，タンパク質をノードとし，互いに相互作用

6.2 タンパク質間相互作用ネットワーク

するノードをエッジで結ぶと無方向の非常に複雑なネットワークが構築される．このようなネットワークはタンパク質間相互作用ネットワーク（PPI network）またはインテラクトーム（interactome）と呼ばれている［Cusick 2005］．PPI ネットワークを解析する方法の一つとして，複雑ネットワーク解析（CNA）が注目されている［Albert 2005, 増田 2006］．複雑ネットワーク解析では，個々の相互作用の情報をノードとリンクで表現し，大局的な観点からネットワークトポロジーが持つ性質を議論する．例えば，ノードが全体的に密集しているのか，それとも疎につながっているのか，多数のノードと結合したハブ（hub）や完全結合網を持つクリーク（clique）があるのかどうか，などの議論が可能となる．複雑ネットワーク解析は興味深い情報を提示するが，それらの情報が生命現象として意味があることを保証するものではない点に注意が必要である［Pieroni 2008］．

複雑ネットワーク解析では，クラスタ性（cluster coefficient distribution），ネットワーク直径（network diameter），平均距離（average geodesic length），次数分布（edge distribution）などに着目することでネットワークとしての特性を調べる（図 6.2）．

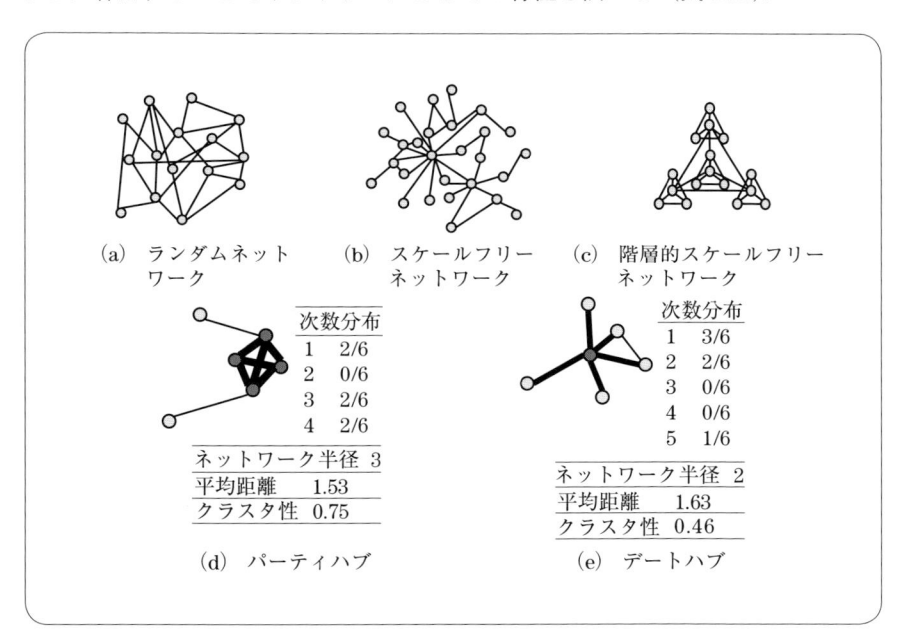

ランダムネットワークは次数分布にピークが存在する．スケールフリーネットワークは次数分布がべき乗則で減少する．階層的スケールフリーネットワークはサブネットワークの次数分布がべき乗則で減少する．パーティハブはクラスタ性が高く，デートハブはクラスタ性が低い．

図 6.2　複雑ネットワークのトポロジーによる分類

クラスタ性とは，あるノードの近傍のノードがどれだけ互いに結ばれているかという指標である．あるタンパク質が特定のタンパク質としか相互作用をしない場合にはクラスタ性は低くなる．複合体を形成しているような場合は近傍のノードどうしも相互作用するのでクラ

スタ性が高くなる．ネットワーク直径とは二つのノード間を最短で結ぶエッジ数の中で最大のものである．直径が大きければネットワークは疎につながっており，小さければ密につながっていることになる．平均距離とは，ネットワーク全体での二つのノード間のエッジ数の期待値である．多くのノードと接しているノードが存在すれば平均距離は短くなり，そのようなノードがなければ平均距離は長くなる．クラスタ性が高く，平均距離が短い場合，知人どうしを通じて世界がつながっているという意味でスモールワールド（small world）性が高いという．次数とは各ノードに接続しているエッジの数である．完全ネットワークでは次数は一定であるが，ランダムネットワークでは次数が大きく変化する．この次数の頻度が一定の割合で減っているグラフ，すなわち，次数の分布がべき法則に従う場合をスケールフリー（scale free）という．スケールフリーネットワークでは，少数ではあるが大きな次数を持つハブ（hub）と呼ばれるノードが存在する．ネットワークの中にサブネットワークが存在し，サブネットワークの次数の分布がスケールフリーとなる場合を階層的スケールフリーネットワーク（HSFN）という．PPIネットワークはクラスタ性，平均距離，次数分布の観点からは階層的スケールフリーネットワークに分類されるという［Pieroni 2008］．

　では，複雑ネットワーク解析から何がわかるのであろうか？　一般に，スケールフリーなネットワークでは，ハブノードを除いては，ノードの除去に対してロバスト，つまり，頑健で機能不全になりにくいことが知られている［Albert 2000］．逆にいえば，スケールフリーネットワークでは，次数の高いハブノードはネットワークの機能維持に不可欠とされている．酵母のPPIネットワークの場合，結合性の高いタンパク質（次数の高いノード）は，多くの場合，結合性の低いタンパク質（次数の低いノード）と結合している．したがって，複雑ネットワーク解析からは，結合性の高い重要なタンパク質どうしの結合性は低いことが導かれる．これに対し，Pereira-Leal, J. B. らが，酵母において，破壊すると細胞が増殖しない必須遺伝子（essential gene）の間の相互作用ネットワークを調べたところ，この相互作用ネットワークはクラスタ性の強い強結合ネットワーク（exponential network）であったという［Pereira-Leal 2004］．このような食い違いが起きることの理由の一つとして，インターネットのようにノードの構成要素が均一なネットワークモデルと，PPIネットワークのように各ノードの性質がノードごとに異なるネットワークとの違いがあげられる．Hakes, L. らは，更に，質の異なるデータが混じることの問題を指摘している．スケールフリーネットワークのトポロジーをもたらすデータの大部分はノイズの多いY2H法やTAP法などのハイスループットな解析法から得られたデータだという．PPIネットワークのトポロジーの解釈においては実験データのノイズや偏り，データの選択基準，リンクの意味についての十分な考察が必要であると警告している［Hakes 2005］．

　PPIネットワークから有用な情報を引き出すもう一つの方法は「ハブ」となるノードの解

析である．Han, J. D. J. らは，酵母の PPI ネットワークから精度の高い 2 493 個の相互作用を取り出し，5 個以上のノードと結合しているハブについて，遺伝子発現情報との整合性を調べている [Han 2004]．このようなハブは，同じ時間，同じ場所で同じタンパク質と相互作用しているパーティハブ（party hub）と，異なる時間，異なる場所で異なるタンパク質と相互作用しているデートハブ（date hub）に分けられたという．デートハブは，サブネットワーク間の接点となっており，これらを取り除くと小さなネットワークの集団に分割されたという．Ekman, D. らは，DIP データベースを用いて 2 640 個のタンパク質と 6 600 個の相互作用を含む PPI ネットワークを構成し，同様な解析を行った．Han らの分類とは必ずしも整合性はとれていないが，201 個のパーティハブと 318 個のデートハブを同定した [Ekman 2006]．これらのデートハブに含まれるタンパク質には複数のドメインを持つタンパク質ならびに 80 残基以上の特定の構造を持たない disorder 領域を含むタンパク質の割合が多かったという．このことは，デートハブに属するタンパク質がさまざまな構造のタンパク質と相互作用する可能性を示しており興味深い．

6.3 転写後発現調節

　タンパク質の発現プロファイルと遺伝子の発現プロファイルとが完全に一致することはむしろ少ない．その要因として，実験データのノイズが多い，プロテオームのデータの欠損が多い，シグナルが小さい場合はノイズとの切分けが困難なこともあるが，本質的には，転写から翻訳までの間で翻訳を制御する機構，すなわち，転写後発現調節機構（posttranscription expression regulation）があげられる．マウス肺組織の観測例では，同じ遺伝子でも，発達段階に応じて転写発現量とタンパク質発現量の一致度が変化するという [Cox 2005]．
　タンパク質の発現量を決定している要因としては，転写発現量（transcription expression），リボソーム占有率（ribosome occupancy），リボソーム密度（ribosome density），コドン適合指数（codon adaptation index），tRNA 適合指数（transfer RNA adaptation index）などがある．転写発現量は細胞内での転写産物の量を反映しているが，すべての転写産物で翻訳が行われているわけではない．リボソーム占有率はリボソームと結合して活性化している転写産物の割合を表す．リボソーム密度は活性転写産物に結合しているリボソームの個数を転写産物の長さで割った値を表す．リボソーム密度は結合しているリボソームの個数が同数の場合，転写産物が長いほど翻訳速度が遅くなることを意味する．これらの指標を用いる

と，実際に翻訳に供される転写産物の量は転写産物の量とリボソーム占有率とリボソーム密度の積となる．コドン適合指数はコドンと遺伝子発現との相関を表す指数である．同一のアミノ酸を生成するコドンの場合，コドン適合指数は発現量の多い転写産物に多く出現するコドンほど高くなる．例えば，tRNA の発現量が少ないコドンを多用した転写産物はそうでない転写産物に比べて，遺伝子の長さが同じでも翻訳の効率が落ちることを示す．tRNA 適合指数は転写産物の発現量が細胞内の資源不足により飽和することを表す指標である．翻訳に用いることのできる細胞内の資源，例えば，ATP の量や tRNA の量やアミノ酸の量やリボソームの総量には上限がある．遺伝子発現量の変化率は一定ではなく，発現量が増えてくると資源競合により発現量は飽和する．このような性質をミカエリエス・メンテン式（Michaelis-Menten equation）で表現する．Brockmann, R. らは，ストレス応答に対する転写後発現調節の実験においてこれらの五つの因子を解析し，タンパク質発現量への転写発現量の寄与度はたかだか 40％程度であったという［Brockmann 2007］．

6.4 診断バイオマーカ探索

どの組織のどの細胞のどの場所にどのようなタンパク質がどれだけ発現しているかという情報がわかれば，病理診断に用いることができる．特に，がん細胞ではタンパク質の発現や局在が正常細胞と大きく異なるため，がん細胞に特異的なタンパク質の発現情報は，病理診断の有力なマーカ（clinical biomarker）となる．病理診断を目的としたタンパク質の局在を調べる方法の一つとして，免疫組織化学（immunohistochemistry）が注目されている．免疫組織化学では，抗体抗原反応を利用して，調べたいタンパク質に蛍光標識した抗体を付加することで，タンパク質の組織及び細胞内での局在を観測する．

human protein atlas プロジェクトでは，免疫組織化学の手法をシステマティックに展開して，さまざまな組織やがん組織におけるタンパク質の発現と局在を示す画像情報に病理学的知見を加えた protein atlas を web 上で公開している［Hober 2008, Uhlen 2005］．抗原抗体反応の精度を高めるために，ヒトゲノムの各遺伝子において 100 から 150 残基長の互いに相同性が低いペプチド断片を抽出し，これらのペプチド断片を特異的に認識する抗体ライブラリーを作成している．また，抗体抗原反応をハイスループット化するために，384 スポットを 14 個用意した組織アレイを用いている．これまでに，48 種の正常組織と 20 のがん組織に対して 3 000 個以上の抗体を適用し，2007 年の時点で，280 万以上の高解像度画像，容量として

120テラバイトのwebサイトを公開している．ただし，webで公開されても画像情報の利用法は限られている．より高度な利用法を実現するために，大規模データをアプリケーションを含めてどのように共有するかが情報学的な課題となっている．

　がんの早期診断という観点から注目されているのが，血清からの診断用バイオマーカの検出である．血清中には数千種類の低分子量ペプチドが含まれており，大部分は22種の主要血中タンパク質由来であるが，がん細胞由来のペプチド断片が一部含まれている．ただし，一般に，診断バイオマーカとしては，がん細胞由来のペプチドの感度（sensitivity）と特異性（specificity）は弱い．直腸ガンのバイオマーカとして知られているcarcinoembryonic antigen（CEA）においても，単独で用いた場合のがん患者を識別する能力は30〜40%程度で，がん患者を見逃す率は60%にも達するという［de Noo 2006］．この問題を解決する方法として，質量分析法から得られる血清ペプチドプロファイルを遺伝的アルゴリズム（GA）と自己組織化マップ（SOM）を用いて判別する手法が提案されている［Petricoin III 2002］．ただし，このようなアプローチは多くの場合再現性に乏しく，真の疾患要因を判別しているのではなく，観測手法やサンプル集団に特異的な因子を抽出している可能性もあると指摘されている［de Noo 2006］．再現性を困難なものとしている要因の一つとして，血清ペプチドプロファイルの99%はアルブミンなどの血中タンパク質由来であり，がん細胞由来のペプチド断片の検出が難しいことがあげられる．逆に，アルブミンには多くのがん細胞由来のペプチドが結合しており，アルブミン結合ペプチドを質量分析法でプロファイルすることにより，卵巣がんの識別能力を大幅に向上できたという報告もある［Lopez 2007］．

　がん細胞の早期診断が困難な理由の一つとして，がん細胞の発生原因が多種多様で個人差が大きいことがあげられる．例えば，乳がんや卵巣がんの原因遺伝子としてはBRCA1，BRCA2，P53などのDNA修復遺伝子が知られている．しかしながら，これらの遺伝子の異常だけでがんの発生理由をすべて説明できるわけではない［Press 2008］．Gyorffy, B.は皮膚がんの一種であるメラノーマの遺伝子発現情報を用いた疾患関連遺伝子探索の九つの調査についてメタ解析を行った．各調査で有意とされた815個の遺伝子の再現性を調べたところ，五つの調査では再現性があった遺伝子は1個（RAB33A），三つの調査では5個の遺伝子（ERBB3, ADRB2, MERTK, SNF1LK, ITRKB），二つの調査では37個で，残り772個（95%）は再現性が得られなかったという［Gyorffy 2007］．再現性が十分でない理由としては，サンプリングの偏り，実験データのノイズ，解析手法の違いなどさまざまな要因が考えられるが，病因が多様であるため，単独の実験データではがん細胞と正常細胞の識別が十分でなく，真の因子を特定することが困難なことを指摘している．

　Brusic, V.らは，プロテオームの情報を診断に活用するためには関連するさまざまな情報を統合する必要があるという［Brusic 2007］．現在インターネット上に公開されている約

2 000 の web からアクセスできるサーバのうち，プロテオーム解析に直接関連するデータベースだけでも少なくとも 1 200 種類，ツールやサービスは 670 種類あるという．この意味で，解析に必要なデータベースやツールは既に十分存在しており，むしろ，どのデータベースとどのツールを選択し，どう改変して，どう組み合わせたらよいかという統合技術の確立が，より正確な判別を行うために必要であるという．例えば，survivin 遺伝子は抗アポトーシス（anti-apoptosis）機能を持ち，がん細胞では選択的スプライシング（alternative splicing）により特異的なアミノ酸配列を持つアイソフォーム（isoform）を生成していることが知られている．このアイソフォームについて多重アラインメント（multiple alignment）を適用したところ，特定のアイソフォームでは HLA-A2 が認識するエピトープ（epitope）が欠落していたという．このことは，これらのアイソフォームを持つ患者では抗原提示能力（antigen-presentation）が低くなる可能性を示唆している．Brusic, V. らは，このようにして，プロテオーム情報とエピトープ予測の情報とを統合することにより，乳がん患者における再発率が survivin 遺伝子のアイソフォームにより異なるという報告［Span 2006］を免疫能力の違いから説明できるかもしれないと主張している．

本章のまとめ

質量分析法を中心とした定量的解析技術の進歩により，プロテオームのシステマティックな解析が可能となってきた．タンパク質とタンパク質の相互作用ネットワークはスケールフリー性を示すが，その解釈においては生物学及び生理学的観点からの考察が不可欠である．トランスクリプトームとの比較では，タンパク質の発現は転写後調節機構の存在により，必ずしも遺伝子発現とは一致していない点に注意が必要である．プロテオームを診断マーカとして利用する場合には，プロテオーム情報とさまざまな疾患関連情報を組み合わせた総合的な解釈が不可欠である．

❶ **clinical biomarker**：診断バイオマーカ；尿や血清中に観測される生体由来の物質で，病理診断に役立つ生理学的変化の指標となるもの
❷ **posttranscription expression regulation**：転写後発現調節機構；転写後に起きるタンパク質発現の調整機構
❸ **proteome**：プロテオーム；細胞内におけるタンパク質発現の総体
❹ **PPI（protein protein interaction）network**：タンパク質間相互作用ネットワーク；タンパク質をノードに，相互作用をエッジとしてつなげることで得られる複雑ネットワーク

7 メタボローム解析

　メタボローム（**metabolome**）とは，生体内で代謝される化合物（代謝産物，**metabolite**）の総体である．トランスクリプトーム（**transcriptome**）及びプロテオーム（**proteome**）が代謝反応の主体である遺伝子を対象としているのに対し，メタボロームは代謝産物を対象としている点が大きく異なる．トランスクリプトーム及びプロテオームがわかっても実際に代謝反応が起きたかどうかまではわからない．一方，メタボロームがわかれば，生命現象としてどの反応が起きたかを知ることができる．この意味で，メタボロームは生命現象を最も忠実に反映していると考えられている．このことは，逆に，メタボロームは状況依存であり，時々刻々と変化することを意味する．実際，生代謝における中間代謝産物の半減期は極めて短く，このことがメタボローム解析を困難なものとしている．

　本章では，メタボロームの解析手法に加え，質量保存則などの制約を用いて代謝の定常状態を解析する化学量論的行列解析（**stoichiometry matrix analysis**），並びにメタボリズムとゲノミクスの観点から体外代謝産物を解析するメタボノミクス（**metabonomics**）について述べる．

7.1 メタボロームとは

　HMDB（human metabolome database）ではメタボロームを1 500ドルトン（dalton）以下の小分子と定義している［Wishart 2007］（1 000ドルトン以下という定義もある［Villas-Boas 2005］）．この定義によれば，DNA，RNA，タンパク質，ペプチド断片といった高分子化合物はメタボロームには含まれないが，ぶどう糖（180ドルトン），アミノ酸（75〜204ドルトン），脂肪酸（80〜400ドルトン），中性脂肪（700〜1 000ドルトン）及び薬物やアルコールなどはメタボロームに含まれる．

　メタボロームの研究目標の一つは，代謝産物をすべて数えあげることである［Oliver 1998, Tweeddale 1998］．微生物などでは，代謝産物の種類は限定的であり，その数は遺伝子の数よりも少ない．約4 000個の遺伝子を持つ大腸菌で約900種，約6 300個の遺伝子を持つ酵母で約600種とこれまでに報告されている．一方，植物においては，さまざまな薬効成分や毒物が産出されている．代謝産物の種類は20万種以上になると予想されており，どのような手法を用いればその全貌を明らかにできるかが一つのチャレンジとなっている［Fiehn 2001］．

　メタボローム解析では，どのような代謝物をどう解析するかが重要となる．Fiehnは解析対象の違いにより，メタボローム解析（metabolome analysis），メタボライトプロファイリング（metabolite profiling），目標分析（target analysis）に分類している［Fiehn 2002］．この定義によれば，メタボローム解析はメタボローム全体を解析する手法を指す．メタボライトプロファイリングは個々の代謝産物までは同定をせずに質量分析法やNMRのスペクトルからサンプルの特徴解析する手法を指す．目標分析は，特定の代謝産物を定量的に解析する手法を指す．更に，細胞内の代謝産物か細胞外に排出された代謝産物かの違いにより，メタボリックフィンガープリンティング（metabolic fingerprintingまたはendo-metabolome analysis）及びメタボリックフットプリンティング（metabolic footprintingまたはexo-metabolome analysis）に分類される［Nielsen 2005, Villas-Boas 2005］．薬物代謝のように特定の化合物の代謝産物を解析する方法は代謝的運命（metabolic fateまたはcatabolic fate）と呼ばれている．

　メタボロームを解析する目的の一つとして細胞内の代謝ネットワーク（metabolic network）の解明がある［Oldiges 2007］．細胞内での実際の代謝ネットワークは非常に複雑であり，教科書的な代謝パスウェイ（metabolic pathway）や代謝マップ（metabolic map）では

実験結果をうまく説明できないことがある [Schuster 2000]．また，特定の代謝パスウェイだけを解析するだけでは不十分であり，細胞内の代謝ネットワークを総合的に解析する必要がある．細胞内の代謝ネットワークは増殖を止めても溶菌しないコリネ菌 [Sakai 2007] のような特殊ケースを除いては，細胞増殖とエネルギー代謝が同時並行的に行われる．すなわち，異化作用 (catabolism) と同化作用 (anabolism) が同時並行的に進行する．更にいえば，代謝状況に応じて遺伝子発現が変化し，代謝ネットワークも動的に変化する [Palsson 2006]．

Sauer, U. は，概念的な代謝パスウェイではなく，細胞内で実際に存在している代謝ネットワークそのものを解析することが大事だと主張している [Sauer 2006]．そして，複雑な代謝ネットワークを解析するためには，細胞内におけるタンパク質や代謝産物といった反応の構成要素の量を観測するだけでは不十分であり，細胞内でどのような化合物がどのような反応経路をたどって代謝物がどれだけ増減したかという代謝の流れ，すなわち，フラックス (flux) を正確に同定することが不可欠であるという．近年，^{13}C のような安定同位元素を用いることにより，細胞内のフラックスを実験で測定することが可能となってきた．このことから，Sauer, U. らは細胞内のフラックスを網羅的に観測するフラックスオーム (fluxome) を提唱している [Sauer 2006]．

フラックスを用いた代謝解析法としては，フラックス制御係数 (flux control efficient) に着目した代謝制御解析 (metabolic control analysis) がよく知られている [Fell 1997]．代謝制御解析では酵素の量を変化させたときに，定常状態 (steady state) にあるフラックスがどのように変化するかを解析的に解くことができる．しかしながら，個々の代謝パスウェイを対象としていたため，その応用範囲は限定的であった．これに対し，化学量論的行列解析 (stoichiometry matrix analysis) では，フラックスを質量保存則 (mass balance) を満たす化学法則とみなし，細胞内全体での代謝ネットワークを代謝物とフラックスに関する行列として表現することにより定常状態を行列演算で求めることを可能とする．近年，化学量論的行列を用いてゲノムワイドな代謝ネットワークの再構築が可能となったことから，化学量論的行列解析が再び注目を集めている [Palsson 2006]．大腸菌では，全遺伝子の約30%弱にあたる 1 260 個の遺伝子から構成されるゲノムスケールの化学量論的行列が構築されている [Feist 2008]．

一方，人のような高等生物においては，代謝は一つの細胞だけで閉じているわけではない．したがって，細胞内の代謝だけでなく，細胞間，組織間，臓器間を含めた全身レベルでの代謝を考慮しなければならない．メタボノミクスと呼ばれる研究では，代謝は腸内細菌まで含めた全身レベルでの相互作用であるという観点から，尿，糞，血清における代謝産物など，非侵襲的かつ計時的に同一個体から測定できる代謝物の定量的測定に着目している [Nicholson 1999]．メタボノミクスはしばしばメタボロミクス (metabolomics) と混同されが

ちであるが，その目的は代謝産物に着目したゲノム科学（genomics）であり，遺伝的違いが代謝反応にどのように影響するかを調べることに重点が置かれている．

7.2 メタボローム解析手法

メタボローム解析が困難な理由の一つとして，りん酸塩のような低分子無機化合物から中性脂肪（natural fat）のような複雑な有機化合物まで，対象となる分子種の特性が広いことがあげられる．このため，一つの機器でメタボローム全体を測定できるような手法はなく，分子種の特性に応じて最適な測定手法が組み合わされる．近年，精密測定の主流となっているのは質量分析法（MS）である［Dunn 2008］．10万以上の分解能とppm単位の検出力を持つフーリエ変換イオンサイクロトロン型質量分析計（FT-ICR MS）の開発により，試料に含まれる低分子化合物を分離せずに直接測定することができるようになった．しかしながら，分子量だけからは異性体や分子量が極めて近い化合物を完全に同定することは原理的にできない．このため，メタボローム解析では，ガスクロマトグラフィー（GC），液体クロマトグラフィー（LC），キャピラリー電気泳動（CE）などさまざまな分離分析法と質量分析法を組み合わせる手法が試みられている．ガスクロマトグラフィーはコレステロールや，脂肪酸及び二糖類など，350ドルトン未満の化合物の検出に適している．液体クロマトグラフィーはりん脂質，抱合胆汁酸，グリコシド，糖などガスクロマトグラフィーでは検出が困難な化合物及び600ドルトン以上の化合物の検出に適している．キャピラリー電気泳動法の利用はあまり普及はしていないが，イオン性低分子代謝産物の検出に適している［Monton 2007］．このほか，解像度は落ちるが，再現性の良い磁気共鳴法（NMR）がアミノ基（amino group）やメチル基（methyl group）などの官能基の検出に用いられている．

液体クロマトグラフィーを用いると，固相（シリカゲルなどの吸着物質）への親和性の違いにより化合物が時間差を伴って抽出される．つまり，試料中の同じ分子量を持つ化合物を化学的特性によって分離することが可能となる．液体クロマトグラフィーから排出される抽出液を順次，質量分析法で測定すると，固相での保持時間（retention time）に対応した質量電荷比（m/z 値）に関するマススペクトル（mass spectrum）が得られる（図**7.1**）．このマススペクトルを質量電荷比についてそろえ直すと，同一の質量電荷比を持つ化合物を保持時間に関して分離したマスクロマトグラム（mass chromatogram）が得られる．マスクロマトグラムは未知化合物の同定やメタボロームの個体差の同定に有用な情報を提供するが，保

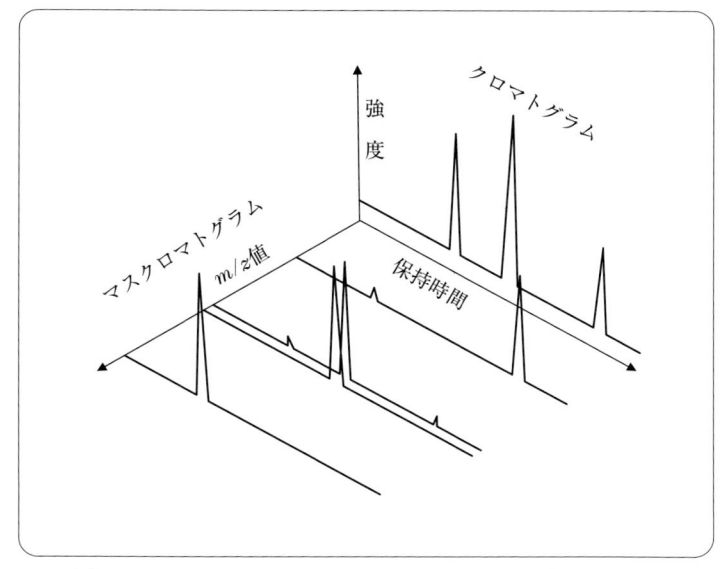

液体クロマトグラフィーからはシリカゲルなどの固定相に対する親和性の違いから試薬中の各成分が保持時間に応じて分離されたクロマトグラムが得られる．クロマトグラムの各ピークを更に質量分析法で質量電荷比（m/z 値）で分析した MS スペクトルを保持時間方向に集計するとクロマトグラムを m/z 値で分解したマスクロマトグラムが得られる．ただし，ピークが複数の m/z 値に分断されて検出される場合もあるので，マスクロマトグラムの解釈には注意が必要である．

図 7.1　液体クロマトグラムと MS スペクトルの合成

持時間が非線形的にばらつくためサンプル間の比較が困難という問題を抱えている．

Smith, C. A. らは，この問題を解決するために信号処理技術を駆使し，複数のマスクロマトグラムを重ね合わせることで，遺伝子変異による代謝への影響を同定する方法を開発した [Smith 2006]．FAAH（fatty acid amide hydrolase）遺伝子ノックアウトマウスの研究において，遺伝子変異のない野生型と変異のあるノックアウト型の間でマスクロマトグラムを比較し，両者で有意に差のあるピークの同定に成功したという．具体的には，複数の質量電荷比にまたがって観測されたピークの断片を合体させて正しいピークを再構成し，画像処理の技法である二次微分フィルタ（second-derivative Gaussian function）を使ってピークをよりスリムな形に変形し，サンプル全体からぶれが少ないピークを数百個選出して非線形な保持時間のひずみを補正する方法を提案している．

7.3 化学量論的行列解析

　遺伝子ノックアウト及び試薬投与などの遺伝的変動，環境変動により，関連する遺伝子の発現量及びその代謝産物の量は大きく変化する．しかしながら，多くの場合遺伝子変異があっても，細胞全体での代謝産物の量は，代謝ネットワークのフラックス分布を調整することにより，ほぼ一定に保たれていることが知られている[Ishii 2007]．細胞の体謝ネットワークが遺伝子変動に対して頑健（ロバスト）であることは，メタボロームの解析において個々の代謝パスウェイを解析するだけでは不十分であり，代謝ネットワーク全体としての調節機構の解明が不可欠であることを示唆している．

　代謝ネットワーク全体の調節機構を解明するための数理モデルとして利用されているのが線形代数に基づく化学量論的行列解析である（**図7.2**）．化学量論的行列を用いた代謝モデルの提案は古く，1980年代にさかのぼる[Clarke 1981]．化学量論的行列では，代謝ネットワークが定常状態にあるときに，個々の代謝産物に関しては，各フラックスからの収支が量的にバランスすることに着目する．個々の代謝反応における最大反応速度（v_{max}）やミカエリス定数（k_m）などの速度定数（kinetic parameter）がわからなくても，定常状態を実現する代謝ネットワークのフラックスの分布が推定できるという点に数理モデルとしての最大の特徴がある．ただし，化学量論的行列により推定できるのは定常状態を実現するフラックスの分布に関する制約条件である．具体的にフラックス分布を求めるには，不確定要因となる巡回的なフラックスに関する実験，代謝ネットワークの外部に排出あるいは外部から流入する代謝産物に関する質量収支（mass balance）の測定などにより，制約条件をさらに絞り込むことが必要となる[Bonarius 1996]．

　化学量論的行列解析では，chemostatのように常に一定量の栄養媒体（グルコース溶液など）が流入し，一定量の培養液（生産物や溶解した菌を含む）が流出する環境において，増殖速度と分解速度が等しくなった定常状態における細胞の代謝ネットワークを扱う．定常状態においては，細胞密度，増殖速度，代謝産物濃度，pH値，などの各種生理学的条件をほぼ一定のものとして扱うことができる．代謝ネットワークは，ノードを代謝産物X_i，反応R_jをリンクとする有向グラフとして表現できる．リバーシブルな反応は向きが異なるリンクを2本使って表現する．化学量論的行列解析では，このような代謝ネットワークを代謝産物を行に，フラックスを列とする化学量論的行列として表現する．化学反応では，関与する

7.3 化学量論的行列解析

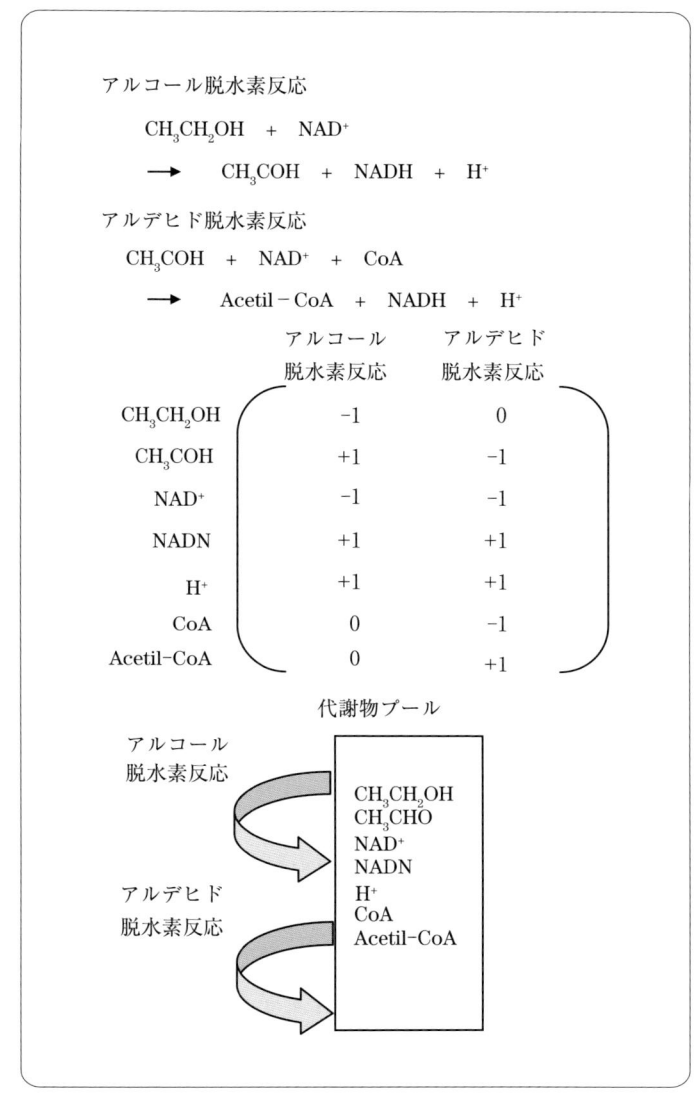

アルコール脱水素反応

$CH_3CH_2OH + NAD^+$
→ $CH_3COH + NADH + H^+$

アルデヒド脱水素反応

$CH_3COH + NAD^+ + CoA$
→ $Acetil-CoA + NADH + H^+$

	アルコール脱水素反応	アルデヒド脱水素反応
CH_3CH_2OH	-1	0
CH_3COH	+1	-1
NAD^+	-1	-1
NADN	+1	+1
H^+	+1	+1
CoA	0	-1
Acetil-CoA	0	+1

代謝物プール: CH_3CH_2OH, CH_3CHO, NAD^+, NADN, H^+, CoA, Acetil-CoA

細胞内の代謝反応ネットワークは，代謝物と反応式の化学量論的行列 S で表現できる．行列の要素には各反応で消費される分子と生成される分子の数を記す．対応する代謝物がない要素は 0 とする．細胞内で起こりうる反応をすべて行列表現し，$SX = 0$ となる X を求めると，定常状態を実現するための反応の制約条件が得られる．

図 7.2 化学量論的行列解析

代謝産物の間での原子の組成は変わらない．例えば，$2H_2 + O_2 \rightarrow 2H_2O$ という反応（フラックス）では，二つの水素分子と一つの酸素分子から二つの水分子が生成される．化学量論的行列では，このようなフラックスにおける水素分子，酸素分子，水分子の消費と生産の関係を $-2, -1, 2$ と表現し，同一の列の対応する代謝産物の要素の値とする．列方向において，フラックスに関係ない代謝産物の要素は 0 とする．このような関係を m 種の代謝産物と n

個の反応を含む代謝ネットワークについて記述すると，$m \times n$ の行列 S が得られる．

代謝ネットワークの各反応 R_i が1秒間に何回反応するかという反応速度 (reaction rate) を r_i，単位時間を dt とすると，$V^T = (r_1 \times dt, \cdots, r_n \times dt) = (v_1, \cdots, v_n)$ は，代謝ネットワークのフラックスの分布（フラックスベクトル）を表す．各代謝産物 X_i における単位時間当りの変分はすべての反応 R_i における生成と消滅の和なので，SV は単位時間 dt 当りの各代謝産物の量の変分ベクトル $(dX_1/dt, \cdots, dX_m/dt)$ を表す．すなわち，化学量論的行列 S は，数学的には，代謝ネットワークにおけるフラックスベクトル空間を代謝変化率ベクトル空間に変換する線形写像を意味する．

代謝ネットワークが定常状態であるということは，代謝産物の変分ベクトルが零ベクトル，すなわち，$SV = 0$ であることを意味する．したがって，定常状態にあるフラックスの分布を求めることは，S の零空間（null space）を求めることと等価となる．一般に，代謝ネットワークでは，代謝産物 X_i の種類（ノードの数 m）よりも反応 R_j の数（エッジの数 n）のほうが多いので，S の零空間は一意には定まらないが，零空間に属するフラックスベクトル V_{ss} は n 次元の正規直交系（orthonormal basis）の線形和で表現できることが知られている．このような正規直交系は，S を $U\Sigma V^T$ の形式に特異値分解（singular variable decomposition）することで簡単に求めることができる．ここで，U は $m \times m$ 次元の正規直交行列，Σ は特異値を要素とする対角行列，V^T は $n \times n$ 次元の正規直交行列の転置行列を表す．Σ は r 個（$1 \leq r \leq m$）の特異値を持ち，S により V の基底ベクトルを U の基底ベクトルに線形写像する際の倍率を表す．r は S のランク（線形独立となる列ベクトルまたは行ベクトルの最大数）を表す．

ここで注意しなければならないのは，特異値分解により Σ は一意に定まるが，U や V は一意でないことである．V の基底ベクトルは n 次元の反応の並びであり，代謝ネットワーク上のパスウェイに対応する．上記の結果は，定常状態のフラックス分布は基底となるパスウェイの線形和として表現できることを意味するが，そのような基底となるパスウェイの組合せが多数存在しうることを意味している（図 7.3）．Palsson, B. O. らは，生化学的な見地から妥当なパスウェイを選択し，定常状態となるフラックス分布全体の境界となるパスウェイを extreme パスウェイと呼んでいる [Palsson 2006]．定常状態においては，同様にして，$XS = 0$ となる代謝変化率ベクトル空間 X_{ss} を求めることができる．こちらは，S の左にあることから左零空間（left null space）と呼ばれている．このような X_{ss} はどのようなフラックス分布に対しても代謝量が変化しない，すなわち，不変量となる代謝産物の変量の組合せを意味する．

化学量論的行列を用いた代謝ネットワーク解析の応用範囲は赤血球モデルの構築，大腸菌の増殖速度予測，大腸菌のノックダウン効果の予測など多岐にわたる [Palsson 2006]．増殖

7.3 化学量論的行列解析

図7.3 パスウェイとフラックス

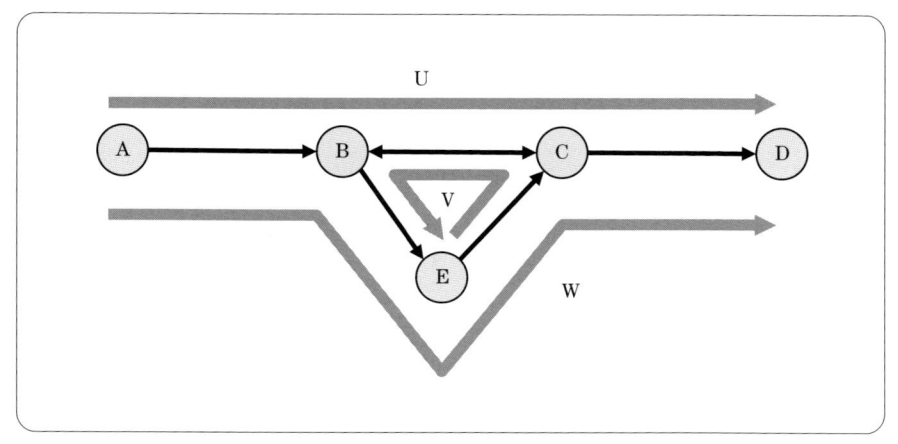

代謝の反応系列であるパスウェイにはさまざまなフラックスが存在する．特に，代謝物BとCの間の反応が両方向の場合には，順方向のフラックスU，Wに加えて，逆方向のフラックスVの存在も考えられる．この場合，フラックスU，Wの比率はフラックスVの流量に依存する．このようなフラックスはむだな循環経路（futile cycling）と呼ばれており，実際にエネルギーをむだに消費するだけのフラックスが存在する．

速度を予測する場合には，細胞を構成するDNA，アミノ酸，脂質などの前駆体となる代謝産物から成長速度に対応するフラックスを用意し，成長フラックスを最大化するようなフラックス分布を解空間から探索する．このような代謝ネットワークモデルを用いて大腸菌のノックアウトモデルを構築したところ，79ケースのうち68ケース（86%）について実験データと整合性がとれたという［Edwards 2000］．同様な手法で速度論的パラメータについてもゲノムワイドに決定する手法が提案されている［Jamshidi 2008］．

extremeパスウェイのような化学量論的行列における正規直交基底は数学的には美しいモデルではあるが，生化学的な裏付けが必ずしも十分あるわけではないという問題点を持つ．Shuster, S. らは，正規直交基底ではなく，定常状態で動作可能な最小の反応群から構成されるパスウェイ，つまり，パスウェイ中のどの酵素でも欠けたらフラックスが停止してしまうような要素モード（elementary mode）の線形和で代謝ネットワークの分布を表現することを提唱している［Schuster 2000］．要素モード解析では，各要素モードの流れは一方向であり，代謝産物は擬似平衡条件を満足するかどうかにより内部代謝産物（internal）と外部代謝産物（external）に分けられる．内部代謝産物では代謝ネットワーク全体で生産される量と消費される量が均衡しているが，外部代謝産物では均衡しているという保証はない．代謝ネットワークを単方向の要素モードの線形和として再構築することにより，各要素モードによるATP産出量やNADPH産出量の違いから，再構築された代謝ネットワークを熱力学的観点から解析することも可能になるという．

実際の微生物の代謝メカニズムは非常に複雑であり，その振舞いは熱力学的な最適化だけ

では説明できない．このような例としては，栄養素（グルコースなど）及び酸素が十分あるにもかかわらず，酢酸塩（acetate）などの副産物を生成するオーバフロー代謝（overflow metabolism），活性酸素などのフリーラジカル濃度と抗酸化酵素濃度の比（redox ratio）をバランスさせるためのバイパス経路の存在（uncoupling），ATPをただ消費するだけのむだな循環経路（futile cycling）の存在などが知られている［Teixeira de Mattos 1997］．Carlson, R. P. らは，大腸菌のグルコース代謝において，代謝パスウェイを運用するコスト（グルコースや酸素消費量）だけでなく，代謝パスウェイを実現するためのコスト（炭素，窒素，硫黄の数や総アミノ酸数など）を含めた費用便益分析（cost benefit analysis）を行った［Carlson 2007］．総炭素量，レドックス比，ATPフラックスをバランスさせた条件下で340万通りの要素モードの組合せについて，グルコース運用コストと窒素投資コストの両面から分析したところ，12通りのパレート最適解（pareto optimal）が見つかったという．これらのパレート最適解となる要素モードを解析したところ，大腸菌ではグルコースが制限されている環境においては，熱力学的観点からは運用効率は悪いが投資コストが安く済むパスウェイ（Entner-Doudoroff経路など）を使用し，グルコースが十分ある環境では，投資コストは高いが運用効率の高いパスウェイ（Embden-Meyerhof-Parnas経路など）を使用しているという．

　オーバフローメタボリズムは，栄養源や酸素が十分あるにもかかわらず，TCAサイクルの能力制限から栄養源が完全に二酸化炭素に分解されず，酢酸塩などの中間代謝産物が生成される現象である．このような現象がおきるのは，TCAサイクルにおいてNADHが過剰に生産され，NADH/NAD比のバランスがくずれるのを防ぐためだと推測されている．Vemuri, G. N. らは，*Streptococcus pneumoniae* 由来のNADH oxidase遺伝子を導入した大腸菌を生成し，オーバフローメタボリズムと，NADH/NAD比の関係を確認した［Vemuri 2006］．更に，このときのトランスクリプトームを調べたところ，グルコースの消費量が増加するにつれ，TCAサイクルを構成する酵素の発現量が減少することを確認した．このような酵素の上流には，好気的呼吸から嫌気的呼吸に代謝ネットワークを切り替える反応に関与するArcA遺伝子の結合部位と相同な配列が存在しているという．実際，ArcA遺伝子をノックアウトすることにより，NADH oxidase導入大腸菌においてはオーバフローメタボリズムによる酢酸塩の生産を抑制することができたという．このことは，代謝ネットワークの解明には，フラックスを分析するだけでは不十分であり，NADH/NAD比のようなシグナリングメタボライトの存在，並びに転写因子による遺伝子発現調節についても考慮しなければならないことを示唆している．

7.4 メタボノミクス

　ヒトやマウスなどの高等生物の代謝メカニズムは大腸菌や酵母などの単細胞生物とは大きく異なる．このような観点から，Nicholson, J. K. らは，2000 年前後から，代謝産物を用いて genomics を考えるメタボノミクスを提唱している．メタボロミクス とメタボノミクスとは用語が似ているだけでなく，NMR や MS の解析データを用いる点で実験手法や方法論も似ており，しばしば混同されている．前者がメタボロームの解明を目指した学問であるのに対し，後者は，個体レベルの代謝産物をシステマティックかつ計時的に測定することにより，ダイエット，ライフスタイル，環境変異，遺伝的変異，薬物投与などの健康への寄与と危険性を定量的に解明することを目指している［Nicholson 2004］．

　高等生物の代謝モデルの構築において注意しなければならないことは，その構成の複雑さと時間レンジの広さである．例えば，筋肉細胞では解糖経路を用いて糖を分解して運動するためのエネルギーを得ている．運動の結果として産出される乳酸は血液を通して肝臓に送られ，肝細胞において糖新生経路により糖となり，再び血液を通して筋肉細胞に送られる．解糖経路と糖新生経路では，ほぼ同じ酵素が用いられているが，反応の向きは逆であり，解糖と糖新生という全く逆の機能を実現している．また，時間レンジも，個々の酵素の反応時間がマイクロ秒のオーダなのに比べ，血液の循環は分単位である．脂肪の代謝まで含めれば，月単位，年単位の変化についての考慮が必要となる．更に，ヒトやマウスの腸内には，数千種を超える数千兆個の腸内細菌が生息しており，生体の代謝に影響を与えている．このような観点から，メタボノミクスでは，個々の代謝反応を追うのではなく，さまざまな細胞や組織の相互作用の結果としての尿や排泄物中の代謝産物に着目し，これらの代謝産物の組成が遺伝的要因並びに（食事や投薬を含めた）環境要因の変化によりどのように変化するかについて解析する．

　バイオ情報学的観点からのメタボノミクスの特徴は，NMR スペクトルを分析するための主成分分析（PCA）並びに PLS（partial least square または projection to latent structure）回帰分析の活用である．NMR スペクトルには数万にも及ぶ多数のピークが現れるが，これらは必ずしも独立ではなく，同一の代謝産物に対応したピークが基質ごとに何度も観測される．また，各ピークは基質に対応しているので複数の代謝産物の量的情報とさまざまな観測ノイズが含まれている．このため，単純な回帰分析では真の変化を読み取ることが困難とな

る．PCA を用いると同一の傾向を持つピークの成分が因子としてまとめられるため変化した代謝産物が何であったかを推測することが可能となる．PLS 回帰分析では，更に，説明したい因子（例えば，脂質代謝能力の違いや投薬グループと非投薬グループとの違いなど）と相関が強い潜在変数（latent variable）を観測データから抽出する．PCA も PLS 回帰分析もどちらも観測データの明示的な次元縮退と線形変換を用いるが，PCA が観測データ間の相関に注目するのに対し，PLS 回帰分析では説明したい因子と観測データとの相関に注目する点が異なる．次元縮退は，重要なピークの同定やスペクトルに含まれるノイズを除去するのに役立つ．線形変換は各ピークが求められた主成分や潜在変数などの因子に対してどれだけの影響度を持っているか，また，それらがどのような代謝反応によって生じたかを推定するのに役立つ．メタボノミクスでは，潜在変数の解釈を容易にするために，擬似 NMR スペクトルを合成し，寄与度の高いピークを高くし，かつ，説明したい因子との相関の強さを色別するインタフェースを用意している［Cloarec 2005］．

　メタボノミクスの応用範囲は多岐にわたるが，ここでは，マウスを用いた毒性検査，腸内フローラと脂質代謝との関係に関する研究について簡単に紹介する．詳細については文献を参考にしてほしい．

　メタボロミクスの最大の特徴は，代謝産物の NMR 及び MS のスペクトルを用いて，薬物及び毒物などの外部刺激が生体の代謝メカニズムに及ぼす影響を全般的に定量化できる点にある．特定の化合物が生体内でどのように代謝されるかという代謝的運命（metabolic fate）は代謝に関する重要な情報を提供するが，特定の化合物の代謝履歴を追うだけでは，その化合物の代謝によって，他の代謝産物がどのように変化したかまではわからない．メタボロミクスでは，代謝産物全体の変化を観測するので，薬物自体の代謝だけでなく，エネルギー代謝，アミノ酸代謝，脂質代謝に対する影響度の有無についても観測することができる．これにより，遺伝的背景の違いの影響，食事や飲酒などの生活習慣の影響，ストレスの有無の影響などを考慮した薬物代謝のメカニズムを解明できるという［Lindon 2007］．

　個体の代謝は腸内細菌によっても影響を受けており，乳酸菌（lactic acid bacterium）やビフィズス菌（bifidobacteria）などの良性腸内細菌（probiotics）を用いた健康食品が注目されている．Martin, F. P. J. らは，腸内細菌が代謝に及ぼす影響をメタボロミクスの手法を用いて定量化することに成功した［Martin 2008］．ヒトの赤ん坊の腸内フローラ（intestinal bacterial flora）を移植した無菌マウスと，更に，乳酸菌の *L. paracasei* 及び *L. rhamnosus* を投与した3種類のマウスにおいて，肝臓，血漿，糞，尿の代謝産物を測定した．3種類のマウスでは部位ごとに糖代謝，アミノ酸代謝，脂質代謝の一部が大きく変化していたという．このことは，腸内細菌の共代謝（cometabolism）により，個体の代謝ネットワークが影響を受けていることを示唆している．

談話室

グルコース取込みトランスポータ（GLUT）の k_m 値はなぜ違う？ ヒトの空腹時の血中糖濃度は 4～6 mM，食事後血中糖濃度は 8mM 以下である．GLUT にはさまざまなアイソフォームがあり，それぞれ k_m 値が異なり，各臓器に特異的に発現している．特に，脳は血中濃度が低くても優先的に糖を取り込むことが可能となっている．肝臓の k_m 値は大きいが，v_{max} も大きく，大量の糖を取り込むことができる．筋肉細胞や脂肪細胞の GLUT4 は血中濃度が高くなると細胞表面に出現し，空腹時に比べ糖の取込み速度は 1 000 倍以上になるという．

GLUT1　6.9mM　赤血球
（例 v_{max} 35nmol.min^{-1}.mg protein^{-1}）

GLUT2　17.1mM　肝臓（v_{max} も他の GLUT より大きい）
（例 v_{max} 92nmol.min^{-1}.mg protein^{-1}）

GLUT3　1.8mM　脳
（優先的に糖を取り込める，血液中の糖の約半分を消費）

GLUT4　4.6mM　筋肉，脂肪（通常は細胞質内に隠れている）

参考文献　Burant, C. F. and Bell, G.I. : Mammalian facilitative glucose transporters: evidence for similar substrate recognition sites in functionally monomeric proteins, Biochemistry, **31**, 42, pp.10414～10420 (1992)

本章のまとめ

　メタボロームは，生命現象を最も忠実に反映しているといわれているが，代謝産物ごとにその特性が異なるため，メタボローム全体を定量化することは容易ではない．近年，質量分析法の測定技術と解析技術が飛躍的に進展し，着実にメタボロームの情報が蓄積しつつある．次なる課題は，なぜそのようなメタボロームが観測されるのかを解明するための代謝ネットワークの推定である．微生物においては，化学量論的行列を用いた手法により，ゲノムワイドな代謝ネットワークの推定が可能となってきた．マウスやヒトのような高等生物においては，細胞内代謝だけでなく，細胞間，臓器間，更には，腸内細菌までを含めた総合的な代謝ネットワークの解明が不可欠となる．このような観点からは，NMR スペクトルを用いたメタボノミクスの方法論が注目されている．

❶ **elementary mode**：要素モード；フラックスを構成する最小の代謝反応の並び
❷ **fluxome**：フラックスオーム；代謝産物の流れ（flux）の総体
❸ **metabolome**：メタボローム；代謝産物の総体

❹ **metabolome analysis**：メタボローム解析；代謝産物全体を同時に解析すること
❺ **metabolic fingerprinting**：メタボリック指紋法；細胞内の代謝産物による特徴解析
❻ **metabolic footprinting**：メタボリック足跡法；細胞外に分泌された代謝産物による特徴解析
❼ **metabolic network**：代謝ネットワーク；細胞内の代謝反応のネットワーク
❽ **metabolite profiling**：メタボライトプロファイリング；個々の代謝産物を同定せずに磁気共鳴装置（NMR）や質量分析計（MS）のデータを特徴解析すること
❾ **metabonomics**：メタボノミクス；metabolite + genomics からきた造語．血液，尿，糞中の代謝産物の NMR/MS 解析を中心に個体レベルでの代謝を総合的に解析する学問
❿ **stoichiometry matrix analysis**：化学量論的行列解析；質量保存された反応物と生成物の関係に関する定量的計算のための行列を用いた解析技法
⓫ **target analysis**：目標分析；特定の化合物及びその代謝産物を定量的に解析すること

8 オントロジー

　ゲノムワイドな情報及び知識を体系化し，共有するための手段としてオントロジーが注目を集めている．代表的なバイオオントロジーの一つである gene ontology（GO）は本来の目的であるゲノムのアノテーションに加え，異種データベース間を結ぶためのリンク，文献からの知識抽出など，さまざまな方面で利用されている．GO では，現実の生命現象を体系化するために，オントロジーを時間軸と空間軸に分割し，厳密な意味論に基づく関係と，現実世界にインスタンスが存在する普遍概念のみから構成している．このようなバイオオントロジーの構築法は自然言語処理，ソフトウェア工学，知識工学，セマンティック web などにおいて開発されてきた概念階層に基づくオントロジー構築法とは設計思想が根本的に異なっている．

　本章では，現象の体系化と概念の体系化の違いに焦点をあて，代表的なバイオオントロジーの設計思想と構築法について紹介する．

8.1 オントロジーとは

　オントロジーには，さまざまな側面があり，その定義及び目的は研究コミュニティならびに研究者によって異なる．情報処理技術としてのオントロジーには，工学における形式的仕様記述あるいは人工知能学における知識表現言語として研究されてきたという経過があり，しばしば，ドメイン知識を有する生物学及び医学研究コミュニティとオントロジーの構築法をめぐって対立する [Soldatova 2005, Smith 2004, Aranguren 2007]．最近のバイオオントロジーの研究の高まりは，構築法をめぐる議論よりも，ドメイン知識を抽出し，コミュニティの間で共有化することの利便性が研究を推進に重要な役割を果たしていることを示している [Rhee 2008, Madin 2007, Dupre 2007, Mabee 2007]．オントロジーを構築することの最大の利点は，人とコンピュータの両方が意味を共有できる点にある．特に，オントロジーを用いて実験的データの解析を行う場合にはドメインの専門集団が背景知識を用いて正しく解釈できるだけでは不十分であり，正しい論理的推論を行えるようにオントロジーの意味論をしっかりと定めておく必要がある．

　GO（gene ontology）におけるオントロジーの位置づけは，「オントロジーとは遺伝子産物及び遺伝子機能に関する情報を表現し処理するためのツールである」となっている．GOを構築したのは酵母，ショウジョウバエ，マウスのゲノムデータベースプロジェクトを中心としたバイオの研究コミュニティであり，その最大の目的はこれらのモデル生物学における遺伝子のアノテーション（機能記述）知識の体系化と共有化にあった [GOC 2000]．それまでは，ゲノムごとにアノテーションがばらばらに付加されており，ゲノム間でのアノテーションの互換性がなかった．遺伝子産物の機能に関する用語（GO term）を策定し，同一の遺伝子産物に対して同一の GO term を付与することで，種間の枠を越えてゲノムアノテーションを共有することが最大の目的であった．その後，GO term の精緻化及び拡充が精力的に続けられ，ヒト，マウス，ラット，シロイヌナズナ，ゼブラフィッシュ，鶏，牛など多くのゲノム配列のアノテーションにも利用されるようになった．現在では，アノテーション記述のデファクトスタンダードになりつつある．更に，GO term に対して UNIPROT（タンパク質データベース），INTERPRO（ドメインデータベース），EC 番号（酵素データベース）など著名なバイオデータベースのエントリへのリンク（gene ontology annotation database）が構築されており，複数のヘテロなデータベース間でのエントリ間の統合にも活

用されている［Camon 2004］．

　オントロジー工学の分野では，自然言語，ソフトウェア及び人工物におけるさまざまな概念をオントロジーとして体系化してきた経験から，オントロジーの構築法に関してさまざまな知見や経験則が積み重ねられている［溝口 2005］．IEEE のオントロジー研究コミュニティからは，バイオオントロジーの構築のためのガイドラインが提言されている［Soldatova 2005］．例えば，語彙階層は概念の本質属性を中心に単一継承で構築すべきであり，is_a と part_of を混在させてはならない．オントロジー間の相互互換性のために標準上位オントロジー（standard upper ontology: SUO）に準拠すべきであるという．しかしながら，実際に普及しているバイオオントロジーはこのような構成にはなっていない．Bada, M. らは，GO が創始者コミュニティの枠を越えて利用者層が拡大した要因を以下のように分析している［Bada 2004］．

　① 利用者コミュニティ（ゲノムアノテーション関係者）が必要に迫られて構築したこと．
　② 共通語彙を作るという明確な目標があり，そのための素材（酵母，ショウジョウバエ，マウスのゲノム，アノテーションデータベース）が既にあったこと．
　③ 分子機能（molecular function），生体プロセス（biological process），細胞成分（cellular component）という比較的知識が集積している領域に絞ったこと．
　④ 簡便で（生物学者にとって）直観的な構造を採用したこと．

　①〜③については，実ニーズがあり，正確な知識が集約されたオントロジーでないかぎり，社会に普及しないことを示している．④については，OWL のようなオントロジーの形式的な記述を目指した言語では，やはり利用者コミュニティの拡大が望めないことを示している．

　オントロジー工学と対をなす研究分野としてセマンティック web がある．セマンティック web は，www（world wide web）の産みの親である Berners-Lee, T. が次世代の www として提唱した概念である［Berners-Lee 2001］．www は画像や文字情報を含む web ページをインターネット上に公開することで，世界中の人々が知識を共有することを可能としている．ただし，web ページに書かれた文字列の意味を理解するためには自然言語を理解しなければならない．セマンティック web は知識を形式的に記述するための文字セット（UNICODE），名前（URI），シンタックス（XML），意味表現（RDF），オントロジー（OWL）を提供することにより，コンピュータが意味を理解できる web ページの構築を目指している［神崎 2005］．実際，OWL のサブセットである OWL-DL を用いた web ページに関しては，description logic という論理体系に基づいてコンピュータが「意味」を推論することが可能である．OWL-DL は，更に，オントロジーの無矛盾性を検出できるという利点があるためバイオオントロジーの表現形式としても用いられている．しかしながら，OWL-DL は形式

論理に基づく厳密な意味解釈を要求するため，人がオントロジーの意味を直観的に理解することが困難であるという問題を持つ．このため，多くのバイオオントロジーは意味論に関しては曖昧性が残されているが，簡潔で，人が読むことができ，構文の解析が容易な OBO（open biomedical ontologies）flat file format で書かれている [Golbreich 2007].

哲学的オントロジーを研究背景とする Smith, B. は「オントロジーは，概念を扱うのではなく，現実世界において自然法則に従う実在（subject matter）及びその集合である普遍概念（universal）を用いて理解されるべきである」と主張する [Smith 2004]．Smith の主張は，生物や医学のように自然法則に基づく実在に関するオントロジーと自然言語やソフトウェアにおける抽象概念に関するオントロジーとではオントロジーとして満たすべき要件が異なることを指摘している．自然言語やソフトウェアにおける抽象概念は，一応のコンセンサスはあるものの，基本的には人間の知的活動の産物であり，構築したオントロジーは主観的解釈の余地が大きい．これに対し，生物や医学における生命現象は自然法則という枠組みの中に実在しており，構築したオントロジーが正しいかどうかは適切な実験を行うことにより，客観的に検証することが可能である．このことから，バイオオントロジーは，主観的な抽象概念によって構築されるのではなく，実験により検証が可能な客観的な概念及び関係を用いて構築されるべきであると主張する．

現在，OBO（open biomedical ontologies）foundry では，Smith, B. らの設計思想に基づき，OBO format を用いて FMA 及び GO を中心に数十ものバイオオントロジーの再構成が進められている [Smith 2007]．OBO foundry では，オントロジーの構造と関係の意味論を共通化することにより，オントロジー間の相互連携を可能としている．これにより，分子レベル，細胞レベル，器官レベルといったさまざまな粒度（granularity）を包括するバイオオントロジーファミリの構築を目指している．

8.2 参照オントロジーの設計思想

これまでに構築された大規模なバイオオントロジーの代表例として，FMA，Mesh term，UMLS，GO を取り上げ，その設計思想の違いを現象の体系化と概念の体系化の観点から比較する．

FMA（foundation model of anatomy）は，元々は仮想兵士をコンピュータ上に再構築するために作られた人間の解剖学に関するオントロジーであり，器官から分子までの is_a 階層

(AT)，部品間の空間的な関係を表す概念階層（ASA），時間に依存した表現型変化を表す概念階層（ATA）の三つのカテゴリからなる [Rosse 2003]．2008 年の時点で，7 万以上の概念（concepts），11 万以上の用語（terms），150 万以上の具象物（individuals），170 以上の関係（relations）が定義されている．解剖学は実在と概念の対応関係が比較的明確であるため，FMA は参照（reference）オントロジー，すなわち，正しい概念及び関係として参照可能なオントロジーとして利用されている．

Mesh（medical subject headings）は，米国国立衛生研究所（NIH）の National Library of Medicine 部門が編集している生医化学用語のシソーラスデータベースである．さまざまな文献中の表記のゆれを整理し，同一の概念を表す代表的な用語（Mesh headings）を選出して概念階層を定義している [Nelson 2000]．2008 年の時点で，9 万 7 千個以上の用語と 24 767 個の headings が登録されている．例えば，インスリン様成長因子には，IGF-2, IGF-II, Insulin Like Growth Factor II，Insulin-Like Somatomedin Peptide II などさまざまな表記が文献中には現れるが，Insulin-Like Growth Factor II という用語が代表的な用語として登録されている．Mesh は厳密にいえば用語を整理したターミノロジーであり，用語の意味の記述を目指したオントロジーではない．ただし，その概念階層は NIH の専門家（curator）によって継続的に更新されているため，デファクトスタンダードとみなされている．

UMLS（unified medical language system）は，Mesh term のようなシソーラスだけでなく，ICD（疾病分類），SNOMED-CT（医療用語）など，17 箇国，145 個の医薬データベースを統合することにより構築されたマルチリンガルメタシソーラスデータベースである．2008 年の時点で 1 553 638 個のコンセプト（定義，名前，情報源，ほか）を包含している．UMLS の各 term には，意味型（semantic type）と関係（relation）を用いた意味ネットワークがユーザレベルオントロジーとして構築されている [McCray 2003]．意味型は activity や anatomical structure など term を分類するためのタイプであり，134 種が定義されている．関係としては is_a や part_of に加えて，adjacent_to, affects, analyzes など 54 種が定義されている．Bodenreider らは，134 種の意味型を Activities & Behaviors（ACTI），Anatomy（ANA）など 15 種の意味グループにまとめあげ，意味型間にまたがる 6 703 個の ｛意味型 1, 関係, 意味型 2｝ といった順序付きトリプレットが意味グループ間でどのように分布しているかを集計した．例えば，Anatomy という意味グループには，body location や body part など 11 種の意味型があり，Anatomy の中で閉じているトリプレットは 115 個，このグループのみで使われている関係の種類は 16 種であったという [Bodenreider 2003]．このことは，UMLS 上の term はさまざまな概念カテゴリにまたがって関係づけられていることを意味する．UMLS は世界有数の概念辞書であり，その有用性については疑う余地はない．しかしながら，UMLS 上に構築された意味ネットワークに関しては，その膨大さと複雑さゆえにその

活用は限定的となっている．Weng, C. らは，意味の相互運用性（semantic interoperability）の観点から，領域の異なる複数のシソーラスを統合する際に発生する意味の不整合性の問題を指摘し，専門家による検証作業の重要性を強調している［Weng 2007］．

　GO は，近年，最も注目されているバイオオントロジーの一つである．2008 年の時点で GO を参照している論文の数は 2 960 本を超えたという［Rhee 2008］．GO の特徴は，実験及び文献報告による検証が可能な分子機能（molecular function），生化学反応（biological process），細胞構成要素及び場所（cellular component or location）という三つの領域に絞って用語（GO term）を体系化し，遺伝子産物という実在する対象に対して用語を付与している点にある．2008 年の時点で，15 018 個の biological process，2 158 個の cellular_component，8 220 個の molecular function の用語が定義されている．GO の活用法は，当初の目的であったゲノムアノテーション情報の体系化及び共有の枠を越え，多様なデータベースを統合するための仮想リンクの構築［Camon 2004］，トランスクリプトーム解析において遺伝子発現に差が出た遺伝子群（differential expression genes）の機能予測［Draghici 2003, Grossmann 2007］，文献からの意味抽出［Daraselia 2007］など多岐にわたっている．ここで注意すべき点は，GO におけるアノテーションの質の違いである．GO はアノテーションの専門家により実験結果や文献情報との整合性を考慮して遺伝子産物に付与されているが［Hill 2007］，GOA データベースから公開されている約 1 600 万個のアノテーションの約 95% はホモロジー検索などのコンピュータによる自動アノテーションである［Rhee 2008］．したがって，アノテーションの質に関しては，実験によって確認されている機能（IDA: inferred by direct assay）なのか，突然変異の発生によって推定された機能（IMP: inferred by mutant phenotype）なのか，コンピュータによる全くの推論結果（IEA: inferred by electronic annotation）なのかを evidence code を用いて確認することが必須となる．また，ホモロジー検索結果と文献情報が一致せず専門家が判断を保留している場合は「NOT」という quantifier が付与されている．アノテーションの質に関しては GO を利用するツール側で適切に処理しておかないと解析結果の解釈を誤ることになるので，十分な注意が必要である．

8.3　オントロジー構築法

　オントロジーをどのように構築するべきかは，オントロジーをどのような目的に利用したいかに大きく依存する．一般に，オントロジー工学の分野では，語彙階層の定義そのものよ

りも，概念の意味の形式的記述に関心が向けられる．これは，コンピュータがオントロジーを用いて自然言語や形式的記述の意味を理解できるようになることを意図しているからである．このため，工学的オントロジーの構築にあたっては，語彙階層に加えて，is_a 関係以外の概念間の関係（relation）及び公理（axiom）をどのように定義するかが最大の関心事となる．

例えば，工学的オントロジーを用いて「cytochrome c はミトコンドリアの電子伝達系で呼吸鎖に関与している」，「cytochrome c はミトコンドリアから放出されるとアポトーシスを引き起こす」という，二つの文章の意味を理解することを考える．ここでは，cytochrome c という酵素が好気呼吸及びアポトーシスという異なるバイオプロセスに関与している．コンピュータがこのことを理解するためには，「cytochrome c is_a bio_process of respiratory chain」及び「cytochrome c is_a bio_process of apoptosis」という関係がオントロジーに定義されているか，他の関係から導出できなければならない．コンピュータが意味を理解するということは，上記に示すような関係をオントロジーの中から論理計算で見つけることと等価である．したがって，この場合には，本質概念である「cytochrome c」に対して，自然言語で書かれた文章を理解するために必要な知識をどれだけクラスや関係を用いて適切に定義できたかどうかが「良いオントロジー」の条件となる．

一方，バイオオントロジーでは本質概念の定義よりも，用語そのものをどう定義するかが最大の関心事となる．これは，生物や医学が発見の科学であり，同一の分子，同一の生命現象に対して，異なる名前がつけられ，コミュニティ間での相互互換性がないことが多いからである．Mesh や UMLS などのシソーラスが重要視されているのも同様の理由による．GO において特筆すべき点は，molecular function のような概念階層から cytochrome c のような遺伝子産物の名前が意図的に排除されていることである．タンパク質名は機能を表す用語としては使ってはならず，特定のタンパク質名に代表される機能を表現するときは「cytochrome c peroxidase activity」のように必ず activity という言葉を添えることになっている．このことは，工学的なオントロジーにおいて「本質概念」とされている現実世界の具象物の集合を表現するクラス名が語彙から意図的に排除されていることを意味する．

遺伝子産物そのものを表す概念と遺伝子産物が持つ機能を表す概念を峻別することにより，boundary 問題及び 3D/4D 問題を回避できるという利点が生まれる．boundary 問題とは，「そもそも境界とは何か」という哲学的問題である．例えば，「腹」と「背中」の境界はどこかという問題である．この問題は本来，物理的には境界がない「胴体」に，便宜的に「腹」や「背中」という区分を与えたことに起因する．例えば，cytochrome c という遺伝子産物そのものを表すクラスを定義することを考える．一般的には，共通の先祖遺伝子を持つかどうかが遺伝子産物の分類の基準である．配列の類似性は遺伝子産物を分類する際の一つ

の基準であるが，類似性が 20% 以下の場合や機能ドメインが複数あるような遺伝子産物の場合は判定が難しくなる．また，突然変異体のように配列としては類似しているが機能が失われている遺伝子産物を正常な遺伝子産物と同じクラスに含めてよいかどうかという問題も生じる．機能的に異なる遺伝子産物を同一のクラスに含めた場合，そのクラスを用いた論理推論の結果が混乱するのは明らかであろう．

3D/4D 問題というのは，現実世界を反映させるのに，三次元の物質が時間軸上を流れると解釈するか，四次元の時空間上の連続体としてみなすかという哲学的な問題である．有名な例としては，双子の一人が光速の宇宙旅行から浦島効果で戻ってきたときに二人の老化の違いはどのようにして説明できるかという双子のパラドックス問題がある［McCall 2003］．現実世界における遺伝子産物は，翻訳されてから，フォールディングし，化学修飾を受け，他の生体分子と反応し，プロテアーゼにより分解される四次元空間上の連続体である．しかしながら，このような連続体を的確に表現するような語彙は残念ながら持ち合わせていない．この問題を解決する，アドホックな方法の一つが四次元世界をコマ送りの動画として扱う SNAP/SPAN オントロジーである［Grenon 2004, Rosse 2005］．SNAP オントロジーは，空間世界におけるオントロジーであり，ある瞬間における静的な実体（continuant または thing）の関係を記述する．SPAN オントロジーは，時間世界におけるオントロジーであり，動的な事象（occurrent または process）の関係を記述する．SNAP オントロジーと SPAN オントロジーは独立であり，両者の間の関係は定義できない．GO では，cellular component は SNAP オントロジー，molecular function と biological process は SPAN オントロジーに属する［Smith 2003］．

SNAP/SPAN オントロジーを用いた場合は，「cytochrome c」のような本質概念に相当するクラスは語彙階層では定義できず，現実世界におけるインスタンスの集合として間接的に表現されることになる．例えば，GO では，cytochorome c という遺伝子産物が持つ機能に対応するアノテーションとして，以下の GO 語彙が用意されている．

GO:0042775：organelle ATP synthesis coupled electron transport（biological process）

GO:0005746：mitochondrial respiratory chain（cellular component）

GO:0045155：electron transporter, transferring electrons from CoQH2-cytochrome c reductase complex and cytochrome c oxidase complex activity（molecular function）

このような GO 語彙が付与されたインスタンスの集合が，外延的定義の意味で cytochrome c を表していることになる．ここで注意しなければならないのは，あるインスタンスが cytochrome c という外延的クラスに入るかどうかを決めるのはアノテーションを付与する人（curator）の責任であり，GO の語彙階層の定義とは無関係だということである．このことは，オントロジーの構築法から考えると「本質概念」の定義を先送りにしているだけ

とみなすこともできるが，これにより，意味が明確に定義できる機能や部位に関する語彙だけを用いた語彙階層を構築することが可能となる．

　GO では，更に，is_a 及び part_of の意味論を現実世界でのインスタンスとその集合を表すクラスの包含関係で定義している（**図 8.1**）．すなわち，A is_a B は，A のインスタンスであれば常に B のインスタンスであるという意味を持つ．A part_of B は A のインスタンスであれば，それは常に B のインスタンスの一部であるという意味を持つ．このように厳密に定義された is_a, part_of 関係を採用することにより，概念階層において，上位クラスは常に下位クラスをインスタンスの集合に関して包含することが保証され，概念階層を用いた論理推論の正当性を保証することが可能となる [Smith 2005]．例えば，GO:0016491:oxidoreductase activity is_a GO:0003824:catalytic activity という関係は，酸化還元酵素機能（GO:0016491）とアノテートされた遺伝子産物は同時に触媒機能（GO:0003824）という機能がアノテートされたことを意味する．同様にして，GO:0005746:mitochondrial respiratory

図 8.1　バイオオントロジーにおける包含関係の考え方

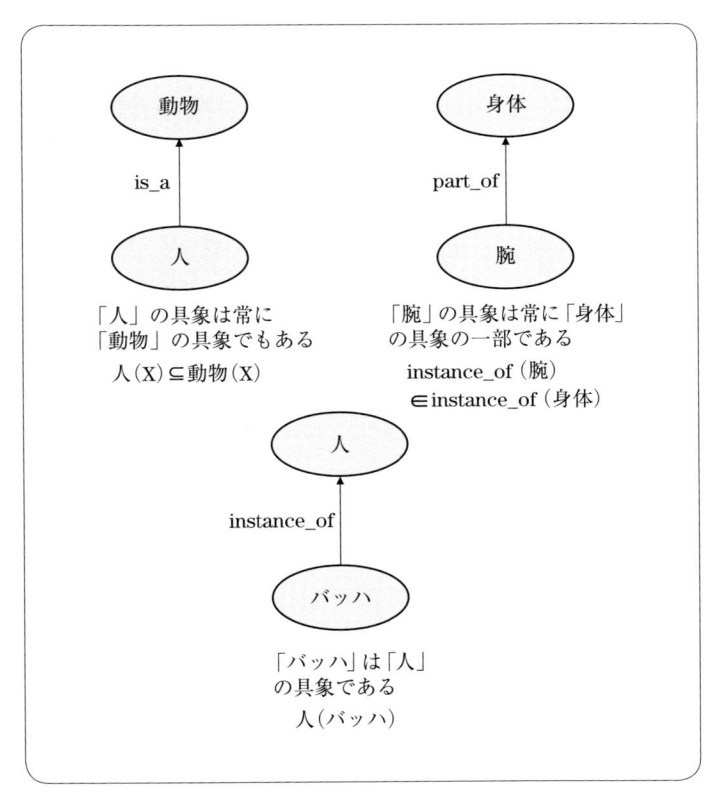

オントロジーにおける実体間の関係として「is_a」，「part_of」，「instance_of」が多用されるが，使用法に関しては混乱が多い．概念（concept）は具象（instance）の集合（universal）として考える．概念間の関係は，概念を具象化した実体の集合間の関係として考えると矛盾なく定義できる．

chain part_of GO:0005743:mitochondrial inner membrane という関係は，ミトコンドリア呼吸鎖（GO:0005746）に存在するとアノテートされた遺伝子産物は自動的にミトコンドリア内部膜に存在するとアノテートされたことを意味する．

　オントロジーを最大限に活用するためには，概念階層が定義されているだけでは不十分であり，概念間（クラス間）に適切な関係及び公理が定義されていることが望ましい．バイオオントロジーの用語には自然言語による記述がなされており，これらを形式的な関係として記述できれば，コンピュータによる論理推論を更に活用することが可能となる．しかしながら，関係の意味論が正確でないと推論の正当性を保証することは難しい．特に，複数のオントロジーの間で，関係の整合性をどう保証するかはオントロジー構築における大きな課題の一つである．このような問題を解決する一つの方法として，ドメイン非依存な上位オントロジーを共有する方法がある（図 8.2）．OBO foundry では，更に，located_in, derives_from, has_participant などドメイン非依存で利用可能な 10 種類の OBO relation ontology を提案している [Smith 2005]．GO でも近年，is_a と part_of に加えて，GO term の間に regulates, positively_regulates, negatively_regulates という三つの関係が加えられた．regulate 関係は is_a 関係，part_of 関係は推移律（transitivity）が成り立つので，例えば，「遺伝子発現制御 regulate 遺伝子発現」，「転写発現制御 is_a 遺伝子発現制御」という関係が定義されていれば，自動的に，「転写発現制御 regulate 遺伝子発現」が成り立つ．意味論を保証したクラス定義及び関係が用いられていれば，複数のオントロジーを統合して正しい論理推論を行うこ

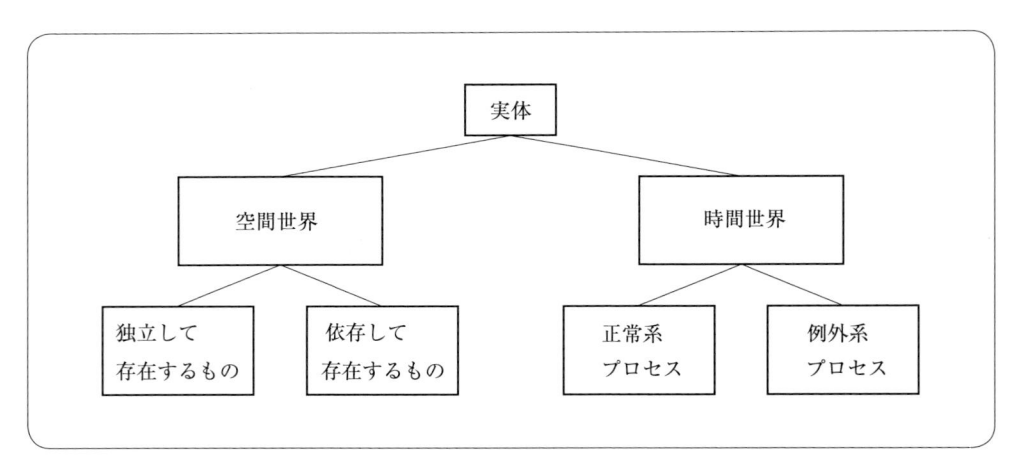

　複数のオントロジーを統合するためには，オントロジーの骨格構造が統一されていないとその意味や関係を共有することは難しい．ドメインに依存しない自然科学のための上位オントロジーとして basic formal ontology（BFO）が提案されている．BFO では，世界を大きく空間世界と時間世界に分け，空間世界の実体（continuant）は身体や胃のように独立して存在できるものと，口蓋や耳の穴のようにそれ自体では存在できないものに分けられる．時間世界の実体（occurrent）は正常に働くプロセスと例外的に働くプロセスに大別できる．このようなドメイン非依存な上位構造を共有することで，見通しのよいオントロジーの設計が可能となる [Grenon 2004]．

図 8.2　オントロジーの上位構造

とが期待できる．OBO foundry では，このような整合性のとれた関係を用いて，さまざまな粒度及び階層のオントロジーを再構築するほうが，UMLS のような不整合性を回避することができ，かつ，caBIG（cancer biomedical informatics grid）project や HL7 RIM（reference information model）のような統合データベースを構築するアプローチよりも効率的であると主張している［Smith 2007］．

本章のまとめ

ゲノムから生体までのさまざまなデータベースの情報を体系化し，実験データの適切な解釈を支援するためにバイオオントロジーの構築が活発化している．特に，遺伝子産物のアノテーション用に開発された gene ontology（GO）は，各種生物のゲノムのアノテーションに使用されるだけでなく，複数のデータベース間のエントリーの統合，遺伝子発現解析における発現差異の解析，文献情報の解析などさまざまな分野に応用されている．

分子レベルから個体レベルまでのさまざまな階層を持つ生命現象を一つのオントロジーとして体系化することは困難である．一方，階層ごとに異なる設計思想でオントロジーを構築したのでは，階層間の整合性を保つことが困難となる．この問題を解決するために，各階層のオントロジーを共通の上位オントロジーの設計思想に基づいて再構築する活動が進められている．上位オントロジーは空間世界と時間世界を分離した構造を持ち，空間世界では，生命現象を構成する実体に関する統合語彙を定義する．一方，時間世界においては，生命現象の動的な変化に関する統合語彙を定義する．このような上位オントロジーを共有し，各階層において統合語彙を詳細化することで，分子レベルから個体レベルまでのさまざまな階層で定義されたさまざまな粒度の生命現象をバイオオントロジーファミリとして矛盾なく体系化することが可能となる．

❶ **continuant**：持続体；物質や穴など，空間方向に境界を持ち，時間的に継続して存在する実体（entity）

❷ **occurrent**：生起体；プロセス（事象）など，時間方向に境界を持ち，一時的に存在する実体（entity）

❸ **OBO**（open biomedical ontologies）**format**：**OBO 形式**；OBO foundry で定義されたオントロジー記述用形式．OWL に比べると意味が曖昧であるがドメイン知識を持つ利用者が書きやすい仕様になっている．

❹ **OBO relation**：**OBO 関係**；OBO foundry で定義された関係（is_a, part_of など）

の共通仕様
- ❺ **OBO foundry**：オープン生医学オントロジーコンソーシアム；GO や FMO を含む生医学オントロジーに関する記述言語（OBO format），上位オントロジー（basic formal ontology），関係（OBO relation）の共有を目指すコンソーシアム
- ❻ **SNAP ontology**：**SNAP オントロジー**；空間世界（同時的世界）における continuants に関するオントロジー
- ❼ **SPAN ontology**：**SPAN オントロジー**；時間世界（継時的世界）における occurrents に関するオントロジー
- ❽ **upper ontology**：**上位オントロジー**；オントロジーの全体構造を規定するドメインに依存しないオントロジー

9 モデリング

　生命現象という時空間にまたがる事象を解析するためには，動的な変化に関するモデル化が不可欠である．生命現象が物理現象や化学現象と大きく異なる点は，約 100 億個の分子から構成される細胞，約 60 兆個の細胞から構成される個体という膨大な自由度を持つ複雑系であるということに加え，遺伝情報が生命現象において本質的な多様性をもたらしていることがあげられる．

　本章では，生命現象のモデリングの方法論を仮説からの演繹（Popperian アプローチ）及び実験データからの帰納（Beconian アプローチ）に大別し，両者の設計思想の違いについて述べる．

9.1 モデリングとは

　1950年に，ワトソンとクリックがDNAの二重螺旋を発見して以来，分子生物学の進展はすさまじく，人類は，いまや生命に関する情報を分子レベルで手にすることができるようになった．近年，ゲノムワイドなハイスループット実験技術の進展により大量のオミックスデータが蓄積されるにつれ，それらのデータを統合し，解析するための技術として「システムバイオロジー（systems biology）」への関心が高まっている [Kitano 2002, Palsson 2006]．

　一方，システムバイオロジーのようにリバースエンジニアリングで部品を集めて再構築するようなアプローチでは生命現象は理解できず，複雑系としての理解が必要という立場もある [金子 2003]．また，個体レベルでの生命現象を扱うには，細胞レベルでの解明だけでは不十分であり，組織レベル，器官レベル，全身モデルへとつなげていくためには，「生理学」こそが中心的役割を果たすべきだという意見もある [Strange 2005]．

　更に，応用の視点からは，遺伝的変異と疾患との関係を多重化された制御系という視点から解明する「システム生物医学」[児玉 2005]，薬物動態に注力し遺伝的な個体差や薬物相互作用を考慮した薬を開発する「次世代ゲノム創薬」[日本薬学会 2003, 杉山 2007] など，生命現象をシステムとしてとらえ，モデリングする研究が活発化している．

　生命現象を「システム」としてとらえる研究の歴史は古く，1930年代において，キャノン（Cannon, W. B）が提唱したホメオスタシス（homeostasis）[Cannon 1932]，フォン ベルタランフィ（von Bertalanffy, L.）が提唱した一般システム理論（general system theory）[von Bertalanffy 1968]，及びウィーナー（Wiener, N.）が提唱したサイバネティクス（cybernetics）[Wiener 1948] にまでさかのぼることができる．注意しなければならないのは，ホメオスタシスも一般システム理論もサイバネティクスも19世紀に台頭してきた，精密機械の延長としての「生命機械論」やパブロフの犬に代表される受動的な「刺激-応答モデル」といった古典的生命観に対するアンチテーゼとして提唱された概念だということである．その根底には，生物は自立的に行動し，独立した部分に還元することはできず，すべての部分の状態変化が全体の状態変化に影響を及ぼす実在であるという生命観にある．

　生命現象の本質は「自己複製」にありと看破したのはフォンノイマン（von Neumann, J.）とウラム（Ulam, S.）である [Nuemann 1966]．コンピュータ上に自己複製機械を作る研究はライフゲーム，セルオートマトンとして発展し，ウルフラム（Wolfram, S.）によるカオス

の縁の発見，ラングトン（Langton, C.）による人工生命研究につながった［Mitchell 1998］．生命現象に内在する制御原理をシステムとして解明する研究は「制御システム理論（control systems theory）」として発展し，フィードバック（feedback），フィードフォワード（feedforward），揺らぎ（fluctuation），最適化（optimization），自己組織化（self-organization），創発（emergence），適応（adaptation）などの基本コンセプトが確立された［Andrei 2006］．複雑系としての生命研究は1970年代から始まり，神経細胞の膜電位変化や生態系の変化などの生命現象を，非線形力学（カオス）を用いてモデル化できることが明らかとなった［アリグッド 2006］．

　生命現象が物理現象や化学現象あるいは人工物と比べ，何が同じで，何が違うのかを議論することは，生命現象をどのようにモデル化するのが妥当かを判断するうえで有益であろう．ここでは，「創発」，「ダイナミックレンジ」，「情報」の観点から生命現象をモデル化するうえで考慮しなければならないポイントについて指摘しておく．

　生命をシステム，特に，複雑系とみなしたときの重要な性質の一つに「創発」がある．「全体は部分の総和に勝る（The whole is greater than the sum of its parts.）」という格言はアリストテレスの時代からいわれていることであるが，創発とは下位のサブシステム単体にはない機能や性質がサブシステム間の相互作用により，上位のシステムに出現することを意味する．実際，細胞内では生体分子の相互作用で実現されている生化学現象が，細胞レベル，組織レベル，器官レベル，個体レベルと上がるにつれ，より高度な機能を創発していることは一目瞭然であろう．細胞内で，酵素反応のネットワークがエネルギー代謝を実現するのも創発であり，心筋細胞の膜電位変化の伝搬が心拍を生み出すのも創発である．筋肉細胞が運動動作を実現するのも，脳神経細胞が知的活動を生み出すのも創発である．生命現象のモデリングとは，まさに，下位システムの相互作用が創発した上位システムの機能をいかにして数理モデルとして表現するかにあるといっても過言ではない．

　生命現象の数理モデルを作ろうとしたときの問題の一つは，そのダイナミックレンジの広さと対象の多様性にある．生命現象の時間のダイナミックレンジは酵素反応の μs（百万分の1秒）から，人の一生でいえば約100年となる．空間レンジは原子の直径のオーダである 1Å（$= 0.1\,\text{nm} = 10^{-10}\,\text{m}$）から人間の個体レベルでは $1\,\text{m}$ の単位となる．このような広いダイナミックレンジを単一のモデルでカバーすることは困難であり，目的に応じて，ある種の階層性または近似が不可欠となる．

　また，細胞内に存在する分子の種類は遺伝子の数だけでも数万のオーダであり，さまざまな変異を含めたタンパク質の種類になると数十万のオーダとなる．細胞の種類は人の場合，名前がつけられているものだけでも数百種類あり，バリエーションの数としては嗅覚神経細胞だけでも数千種類存在する．汎用の「細胞」を詳細にモデル化しても現実世界の細胞をモデル化したことにはならない点に注意が必要であろう．どのような生命現象を，どの空間ス

ケールと時間スケールでモデル化するかという選択が重要となる.

　生命現象を解明するためには分子間の相互作用という観点からの解明だけでは不十分であり，分子に埋め込まれた「情報」が果たす役割についても十分な考察が必要である．そもそも，DNA が DNA として意味を持つのは A,T,G,C という塩基の並びが遺伝情報をエンコードしているからである．遺伝情報を含まないランダムな塩基の列からなる DNA は，ただの高分子化合物でしかない．塩基の並びにタンパク質の設計情報という意味があるからこそ，その順番の違いが大きな違いをもたらす．例えば，酒酔いの原因となるアセトアルデヒドを分解する酵素（ALDH2）の遺伝子配列の 487 番目のグアニン（G）がアデニン（A）に代わると，翻訳されたときのアミノ酸がグルタミン酸（E）からリシン（K）に代わる．この突然変異に起因するアミノ酸配列の変化が酵素の機能に影響し，アルデヒド分解酵素の活性が弱くなる．結果として，個体レベルの表現型としては酒が飲めるか飲めないかという違いをもたらす．30 億塩基対の DNA におけるたった一つの塩基の変化が個体レベルにおいて，大きな機能的変化をもたらしたことになる．この変化をもたらしたのは，DNA の物性的な変化ではなく，DNA に埋め込まれた「情報」の変化であることに注意が必要である．生命現象が物理現象や化学現象と大きく異なる点の一つがこの「情報」の活用にある．

　「情報」の活用は，エネルギー代謝などさまざまな生命現象に見られる．例えば，バクテリアは，細胞増殖効率を最大化するために，培地にさまざまな栄養素があった場合に，代謝効率の良い栄養素から優先的に代謝する．代表的なのは，大腸菌によるグルコースとガラクトースの混合培地における 2 段階増殖（diauxie）である．大腸菌はエネルギー代謝のための酵素反応の段数が一番少なくて済むグルコースをすべて消費してから，グルコースへの変換への酵素反応が余分に必要なガラクトースのエネルギー代謝経路に切り替える（図 9.1）．この代謝経路の切替えを実現するメカニズムは，教科書的にはグルコースによるラクトース代謝酵素の遺伝子発現抑制として知られている [Keener 1998]．しかしながら，最近の研究では，実際の制御構造はより巧妙であり，解糖系の進行状況に応じてさまざまな糖のトランスポータの活性を制御するための，代謝産物からトランスポータへの情報伝達機構（PTS 機構）が存在していることが判明している [Inada 1996, Gorke 2008]．すなわち，生命システムは外部環境と内部状況から関知した情報に基づいて適切な行動を選択する「知的制御システム」という観点から定式化しなければならないことを意味する．

　Galperin は，バクテリアの「知性」を測る尺度としてシグナル伝達遺伝子の数の 2 乗根をゲノムサイズで割った「バクテリア IQ（bacteria IQ）」を提案している [Galperin 2005]．バクテリア IQ によると，環境変化があった際に毒素を産出する病原性バクテリアは「知性」が低いものが多く，「高度な知性」を持つバクテリアは環境変化を的確に関知し，代謝パスウェイを切り替えたり，進行方向を変えたり，免疫システムから逃れるために細胞壁の

9.1 モデリングとは

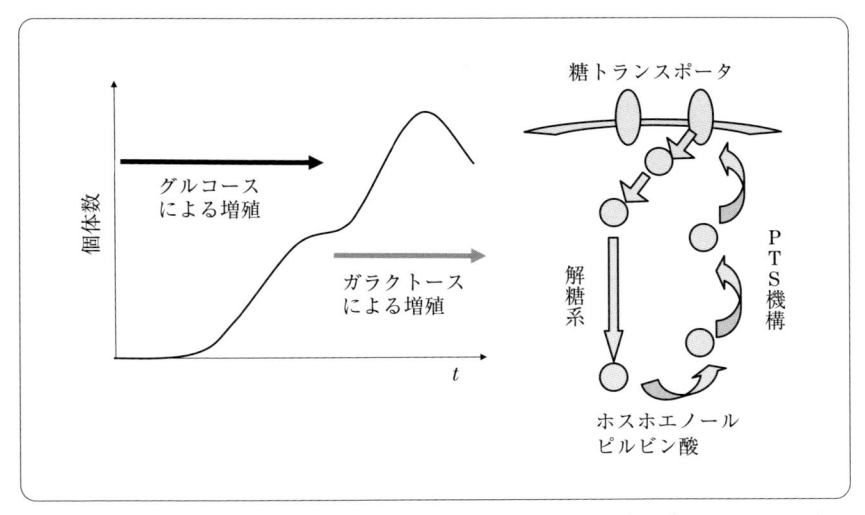

図9.1 大腸菌における2段階増殖

大腸菌をグルコースとガラクトースの混合培地で増殖させると，先にグルコースを消費し，次に，エネルギー代謝経路を切り替えてガラクトースを消費する．この制御は代謝系から糖取込みトランスポータへのりん酸化経路で伝えられる．

糖鎖の組成を変えてカモフラージュしたりするという．また，外界をセンスする細胞膜上の受容体の比率が多い外向性（extravert）と細胞内の内部状態をセンスする受容体が多い内向性（introvert）に分けられるという．生物の適応戦略を考えるうえで興味深い．

細胞内においては，代表的なネットワークとして，代謝ネットワーク，遺伝子発現ネットワーク，シグナル伝達ネットワークが知られている．ただし，これらは独立に存在しているわけではない．バクテリアの混合培地における2段階増殖にみられるように，実際の生命現象においては，代謝ネットワークと遺伝子発現ネットワークとシグナル伝達ネットワークが相互に連携し，高度な物質・エネルギー代謝及び情報制御ネットワークを実現している．また，生体は外界を常に監視しているので，何が一過性のノイズで何が本当の刺激なのか判定する機構が必要となる．更に，矛盾する刺激が観測されたときは，どちらの刺激がより正しい刺激なのかという「知的な」判断作業を行うことが求められる．例えば，アポトーシスを起こすシグナルを検知したときに，どのような応答を示すかは，細胞にとっては，まさに，生きるか死ぬかの決断である．アポトーシスのシグナルを1回検知したぐらいで，はいそうですか，とすぐにアポトーシスを起こしてしまうようでは，生体を維持することが困難なことは容易に想像できよう．本当にアポトーシスが必要なのかどうか何度も念を押して，絶対に必要だと判断したうえで決断にいたる過程は，まさに意志決定問題そのものである．

このような生命現象をモデル化するには，具体的にどうすればよいだろうか．Coveney, P. V. によれば，自然現象の数理モデルは，大きく，知識や仮説から演繹して構築したモデルを用いて実験データを解釈するPopperianモデルと，実験データから帰納推論法を用いてモデ

ルを構築する Beconian モデルの二つに大別できるという［Coveney 2005］.

9.2 Popperian モデル

　哲学者である Popper, K. は科学的な理論と科学的でない理論を区別する尺度として，反証可能性（falsifiability）という概念を提案した．反証可能性とは何ぞやという哲学的な論議は専門書［ポパー 2002］に譲るとして，ここでは，文字どおり，自然現象から反例を見つけることでその理論を否定できる可能性があることと解釈しよう．このような考え方を持ち出す背景としては，自然現象の数理モデリングにおいては，作ったモデルが正しいかどうか判断するすべがないことがしばしば起きるからである．理論物理の世界では，理論的に正しいとも正しくないとも判定できない「架空の理論」に対しては「間違ってすらいない（not even wrong）」という批判がなされることがある．生命現象の場合には，単に，数百個の連立微分方程式を並べられただけでも直観的にそれを理解することも実験的に検証することも困難となり，「事実上」そのモデルが正しいのかを判断することもできなくなる．このことは，生命現象のモデル化においては，モデルが正しいか間違っているかが問題なのではなく，実験あるいは思考実験に貢献できるモデルであるかどうかが重要であることを示唆している［Mogilner 2006］．Popperian モデルでは，すべてのモデルは仮説であり，実験データと食い違いがあるときはモデルそのものが不完全であり，改善の余地があると解釈する.

　生命現象における Popperian モデルの代表格は，神経細胞の膜電位伝搬に関する Hodgkin-Huxley モデルであろう．1952 年にヤリイカの巨大軸索の解析から生まれたこの数理モデルは，半世紀をかけて，数々の改良が重ねられ，いまでも，心筋細胞モデルの基本方程式として利用されている［Gavaghan 2006］．Hodgkin, A. L. らは構築したモデルからイオンチャネルの存在を予測し，1963 年には神経細胞における興奮と抑制に関するイオン機構の発見によりノーベル生理学・医学賞を受賞した．モデルとしての Hodgkin-Huxley 方程式の数学的な特徴は，Na^+ チャネルの活性化による素早い膜電位の変化を表す「速い変数」と Na^+ チャネルの不活化及び K^+ チャネルの遅い活性化によるゆっくりとした膜電位の変化を表す「遅い変数」の相互作用にある．この数理モデルは，外部からの撹乱により周期が乱れても自然に元の軌道に吸引されるリミットサイクルを構成することが知られている．詳細は，数理生理学の教科書［Keener 1998（中垣 2005）］を参考にされたい．ただし，この教科書を理解するには非線形力学系における不動点の安定性に関する理論的知識が要求されるので，カオス

9.2 Popperian モデル

に関する入門書［Alligood 1997（津田 2006 監訳）など］を通読しておくとよいだろう．

Noble, D. らは，Hodgkin-Huxley 方程式をベースに心筋細胞の膜電位モデルを 1962 年に発表し，40 年後の 2002 年に，臓器全体をモデル化した仮想心臓モデルを発表した［Noble 2007, Noble 2002］．心筋細胞の特徴は興奮性と収縮性という二つの機能を持つことである．興奮性により活動電位が伝搬し，活動電位が細胞を収縮させることで血液を送り出す．心臓における活動電位伝搬の特徴は，通常の神経細胞よりも伝搬の速度が遅く，更に部位により大きく異なることである．この伝搬の遅れにより，心臓の上位にある心房と下位にある心室の収縮のタイミングが 0.12 秒から 0.18 秒ほどずれ，心拍を実現している．心房の上部にはペースメーカの働きをする細胞の集団があり，この集団から発生した電気刺激が，心房及び心室に伝わることで，空間的及び時間的に複雑な心筋細胞の興奮過程が生じる．この興奮過程の異常が心室頻拍や心室細動のような不整脈を引き起こす［Steinberg 2006］．更に，心筋収縮により心臓の形状は大きくゆがむので，仮想心臓モデルを構築するためには，電気的な活動電位伝搬を扱うための反応拡散モデル（reaction-diffusion model），心臓の構造変化を扱うための有限要素法モデル（finite element method）及び血流変化を扱うための流体モデル（Navier-Stokes 方程式など）などを組み合わせた計算モデルが必要となる．

Hunter, P. J. らは，2004 年に遺伝子から全身までの生理学的モデルの構築を目的とした Physiome プロジェクトを立ち上げて世界の注目を集めた［Hunter 2004, Hunter 2005］．Physiome プロジェクトは International Union of Physiological Sciences（IUPS）と IEEE Engineering in Medicine and Biology Society（EMBS）を運営母体とした国際連携オープンソースプロジェクトとなっている．分子レベルのナノスケールから個体レベルのメートルスケールまでの 10^9 のオーダの空間レンジ，ブラウン運動のマイクロ秒から人の一生までの 10^{15} の時間レンジを扱うために，多階層モデル（multi-scale model）となっている．これらのモデル間の連携を可能とするために CELLML（cell mark up language）が用意され，モデルを登録するリポジトリが用意されている［Nickerson 2006］．モデルの対象も，臓器レベルでは，心臓，肺，筋肉，腸，眼球など，細胞レベルでは，心筋細胞，筋肉細胞，腎臓細胞，細胞内ネットワークレベルでは，シグナル伝達，エネルギー代謝，細胞周期，免疫応答，カルシウム応答など数百を超えるモデルが登録されている．計算モデルも，連立微分方程式モデルに加え，イオンチャネルやリガンド結合（ligand docking）においては確率論的モデル（stochastic model），組織及び器官においては偏微分方程式モデルが利用されている．また，プロジェクトの主たる応用として，仮想手術を用いた教育及び訓練，生理学モデルを用いた診断及び創薬などをあげているが，診断及び創薬に適用するには遺伝的及び生理学的な個体差をシミュレーションモデルにどのように反映させるかが大きな課題となっている．

生物の生理学的機能は時空間的なダイナミックスを持つため，その機能を理解するために

は数理モデルは極めて有用である．ただし，現実の臓器や細胞の振舞いを反映する数理モデルの構築は容易ではなく，実験系研究者との密な連携と，生命現象の本質を反映するための高度なモデリング技術を必要とする．また，最初から完璧なモデルを構築することは難しく，長期間にわたる実験とモデリングの間でのフィードバックを要する．40 年以上を費やした Noble, D. の心筋細胞モデル及び心臓モデルの構築はその典型例といってよい．このように，Popperian モデルは研究者の英知の集大成であり，実験の終着点（endpoint for experimental efforts）である［Mogliner 2006］．一方で，実験データからシステマティックに構築できるようなモデルではないので，大量に産出されるオミックスデータにどう対処するかという問題が残る．次節では，Beconian モデルの立場からこの問題について述べる．

9.3 Baconian モデル

　実験データが与えられたとき，そこに内在するモデルをシステマティックに構築することができれば便利である．このようなモデリング方法は，スコラ学派の「伝統的権威からの演繹」によって結論を導くのではなく，現実の実験や観察から共通の法則性を導き出す「帰納法」を重視した 16 世紀の哲学者 Bacon, F. にちなんで Baconian モデルといわれている．Baconian モデルでは，必然的にモデルは確率モデルとなり，より多くの事例に適合し，反例が少ないモデルがより良いモデルとされる．情報学の研究者及び技術者は機械学習理論になじみが深いので，モデリングといえばアプリオリに Baconian モデルを想定してしまうことが多い．このことは，真理の発見（scientific discovery）を信条とする自然科学系研究者との見解の相違をもたらす要因の一つともなっている．自然科学においては，70％正しい真理とか 80％正しい真理というのは存在しない．もし，モデルと観測データに食い違いがあるとしたら，モデルが全体の一部しか表現していないか，観測データにノイズが含まれているなど，モデルとデータの食い違いをもたらす要因が必然的にあるはずである．このような要因が説明できない確率モデルはより多くの事例を説明できたとしても，たまたま，観測されたデータに対してだけしか通用しないモデルかもしれない．この意味で，Baconian モデルでは，学習したモデルの解釈が可能かどうかがモデルの正当性を保証するうえで非常に重要となる．以下，トランスクリプトームからの遺伝子発現制御ネットワークの推定，複雑ネットワークにおけるネットワークモチーフの抽出，連立微分方程式におけるパラメータ最適化を題材に Baconian モデルの現状と課題について紹介する．

9.4 遺伝子発現制御ネットワーク推定

　細胞内で，各遺伝子は他の遺伝子の発現を活性化したり抑制したりすることで遺伝子発現制御ネットワークを構成している．マイクロアレイを用いた網羅的な遺伝子発現プロファイル（トランスクリプトーム情報）が得られるようになった1990年代後半から，遺伝子発現プロファイルの時系列データから遺伝子発現制御ネットワークを推定する研究が相次いで報告された（図9.2）．その先鞭をつけたのが，1998年のLiang, S. らによるブーリアンネットワークと相互情報量を用いた遺伝子発現制御ネットワークの同定である［Liang 1998］．Liangらの研究の一番のポイントはブーリアンネットワークのノードの数が多くても，各ノードからのリンクの数が少なければ，時系列データから元のネットワークを同定することが計算量的に可能なことを示した点にある．例えば，ノードの数が50あったとすると，ブーリアンネットワークの状態空間は10^{15}と非常に大きいが，リンクの最大数を3以下と制限すれば，

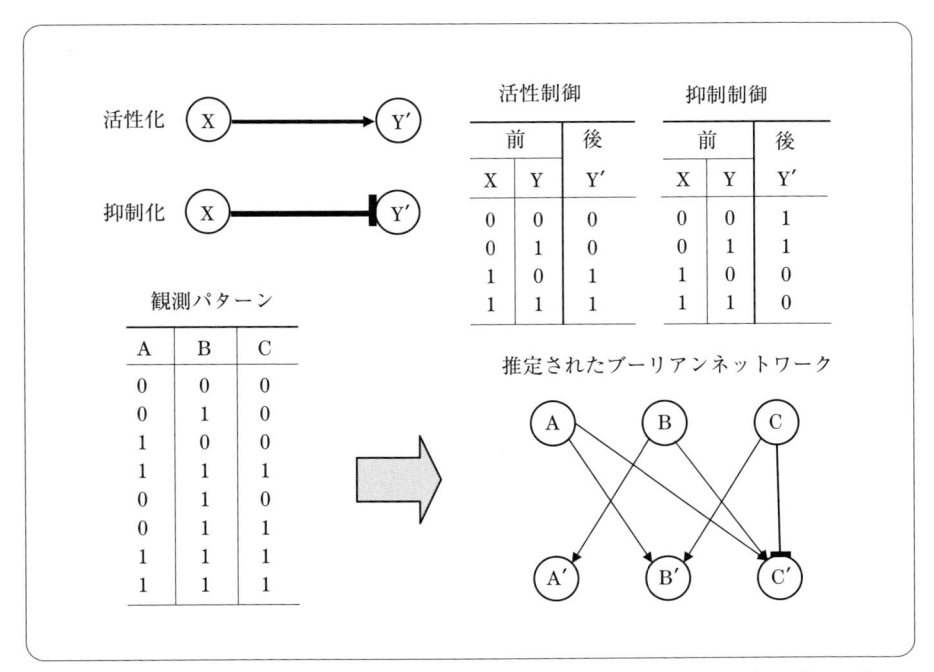

遺伝子の発現状態のオン，オフをそれぞれノードの1, 0で表現し，遺伝子発現の活性化及び抑制化の関係を2種類のエッジで表現できたとすると，観測された遺伝子のオン，オフのパターンから元のブーリアンネットワークを再構築することができる［Liang 1998］．

図9.2　ブーリアンネットワークによる遺伝子発現制御モデルの構築

100箇所程度の測定点の時系列データを使って元のネットワークを再現できるという．相互情報量の概念を用いて，ある遺伝子の発現が他の遺伝子群の発現にどれだけ影響力を持つかを推定していく方法は非常にエレガントであるが，リンクの最大数に関して，実際の遺伝子発現制御ネットワークにはない大きな制約を与えている点に注意が必要である．

翌年の1999年には，Akutsu, T. らは N 個の各ノードから出力するエッジの数を K 以下に制限した場合，トポロジーを同定するために必要なデータセットの数はほとんどの場合において $\log N$ のオーダで抑えられるという解析結果を発表した [Akutsu 1999]．例えば，ブーリアンネットワークのノードの数が100 000個あったとしても，エッジの数をたかだか2以下に制限した場合，100箇所程度の測定点を持つ時系列データがあればネットワークを同定できる可能性があるという．

ブーリアンネットワークの動作は決定的であり，単純明快であるが，遺伝子発現制御ネットワーク全体をモデル化しないと事象を正しく反映できないので，実際の遺伝子発現制御ネットワークのモデル化には適応しにくい．興味ある遺伝子発現制御に絞ってネットワークを同定するには，他の遺伝子からの影響を確率的変動として扱うことのできる確率モデルを用いたほうが便利である．このような観点から，Imoto, S. らはベイジアンネットワークを用いた遺伝子発現制御ネットワークの同定法を提案した [Imoto 2002]．ただし，ベイジアンネットワークではループ構造を含む遺伝子発現制御ネットワークは扱えないという問題を持つ．この問題を解決するために，Kim, S. Y. らは時系列に関するノード間の因果関係を空間的に展開した動的ベイジアンネットワークによる同定アルゴリズムを提案した [Kim 2003]．ベイジアンネットワークを用いることの利点は，事前分布に経験的知識を反映して学習できることである．Husmeier, D. らは，KEGG データベースのパスウェイ情報を Bayesian ネットワークの事前分布に反映させることにより，パスウェイ情報だけの場合や事前知識なしで学習させた場合よりも，より良い学習曲線が得られることを示した [Husmeier 2007]．このことは，遺伝子発現プロファイルは何かしらのモデルを仮定して解釈したほうが，データだけから学習するよりも，内在する因果関係をより的確に抽出できることを示している．

遺伝子発現制御ネットワークの同定においては，遺伝子発現プロファイルをそのまま学習データとして用いるよりも，相互情報量を用いたほうが真の遺伝子間の影響度を推定しやすい．Basso, K. らは，相互情報量の概念を取り入れた ARACNe (algorithm for the reconstruction of accurate cellular networks) を用いて，ヒトB細胞の遺伝子発現プロファイルから遺伝子発現制御ネットワークを解析した．さまざまな条件下で観測した336個のデータを解析することで，遺伝子発現プロファイルには直接現れない相互作用をリンクとして持つ，階層的スケールフリーネットワーク（HSFN）を得た．このネットワークにおいてリンクの数が多いノード（ハブ）を調べたところ，がん遺伝子 MYC が同定できたという [Basso 2005]．

9.5 ネットワークモチーフ抽出

トランスクリプトームデータやプロテオームデータが蓄積されるに従い，解析結果として得られた複雑なネットワークのトポロジーから共通構造を探そうという研究が2000年代に入ってから活発化している．Shen-Orr, S. S. らは，大腸菌の遺伝子発現制御ネットワークを分析し，116個の転写因子及び424個のオペロンを含む577個の相互作用から共通のネットワークトポロジーを持つ「ネットワークモチーフ」を探索し，「フィードフォワード（feedforward; X → Y, X → Z, Y → Z）」，「SIM（single input module; X → U, X → V, X → W）」，「バイファン（Bi-Fan（論文ではDOR）; X → U, Y → V, X → V, Y → V）」などに分類した（図9.3）．これらのネットワークモチーフはランダムネットワークでの発生確率よりも有意に高かったという［Shen-Orr 2002］．Milo, R. らは，遺伝子発現ネットワークだけでなく，神経回路網や捕食生態系においても比較的小さなノードからなる共通のネットワークモチーフが発見できたと報告している［Milo 2002］．

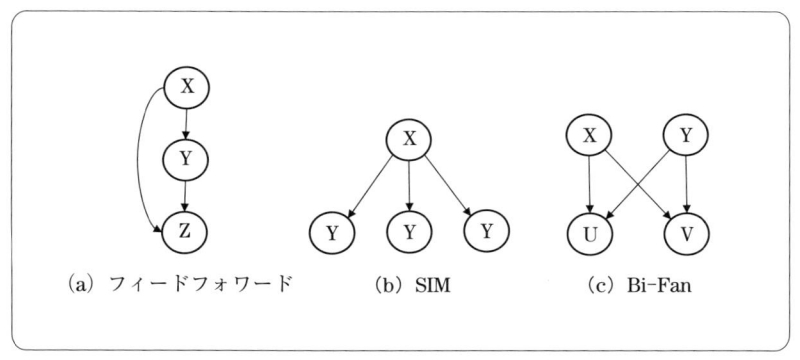

ネットワークモチーフ解析では，複雑ネットワークに統計的に有意に出現する少数のノードから構成されるサブグラフを抽出する．よく頻出するビルディングブロックは，前方のノードを間接的及び直接的に制御するフィードフォワード，一つのノードが多数のノードを制御するSIM，二つのノードが同時に二つのノードを制御するBi-Fanなどがある［Shen-Orr 2002］．

図9.3　ネットワークモチーフ解析におけるビルディングブロック

これに対し，Artzy-Randrup, Y. らはネットワークモチーフのように統計的に有意だからといって特定のトポロジーに意味があるとするのは危険で，中心からの距離に応じて結線数が減るような条件でランダムネットワークを生成しても，同様なネットワークモチーフが有意に発見できると批判した［Artzy-Randrup 2004］．Ingram, P. J. は，更にBi-Fan motif（二つ

の遺伝子が共に同じ二つの遺伝子を制御するパターン）では，正負の制御の組合せは4通りあり，トポロジーが似ているからといって機能的に同じではなく，意味的に同じかどうかを判断するにはダイナミックスを考慮しなければならないと批判した［Ingram 2006］．

ネットワークモチーフの問題点は，本来，動的な制御の仕方を表すフィードフォワードのような概念を，静的な制御の流れを表すネットワークトポロジーに当てはめ，トポロジーが同じであればダイナミックスも同じであると強引に拡大解釈した点にある．概念を定義する際に現実世界の生命現象というインスタンスの集合としてではなく，ネットワークトポロジーという仮想世界におけるデータ構造の集合を用いて定義したことが混乱を引き起こした根源的な理由といえよう．通信制御理論におけるフィードフォワード制御は出力値だけでなく入力値も考慮して制御値を与えることで，出力値だけから制御値を決めるフィードバック制御よりも早く正常値に戻す技術を意味する［片山 2002］．このような制御を有効なものとするためにはいくつかの制約条件を満足する必要があり，不用意な制御値を与えた場合には系は発散したり，振動したりしてしまう．したがって，フィードフォワード制御ができるトポロジーであったとしても，フィードフォワード制御が行われている保証にはならないことに注意が必要である．近年，ネットワークモチーフに関する論文が急増しているが，生命現象を反映したネットワークモチーフを扱っているかどうか，十分な注意が必要である．

9.6 パラメータ最適化

代謝ネットワーク，シグナル伝達ネットワークなどは，基質濃度及び酵素濃度に関する酵素反応による連立微分方程式として表現できる．原理的には，基質濃度や酵素濃度をプロテオーム解析，メタボローム解析から求め，時系列データから連立微分方程式を同定すれば，代謝ネットワークやシグナル伝達ネットワークを解析することが可能となる．同様に，遺伝子発現量の時系列データからは遺伝子発現制御ネットワークを同定することも可能となる．

酵素反応は，ミカエリス・メンテン式（Michaelis-Menten equation）のような反応速度に関する方程式で表現できる．反応速度論によれば，酵素反応は基質濃度と酵素濃度の関数であり，基質濃度の時間変化，すなわち，反応速度は酵素と基質が決まれば最大速度（v_{max}），ミカエリス定数（k_m）という二つの反応速度定数により表現できる（**図9.4**）．ただし，すべての反応速度定数が事前にわかっているわけではないので，連立微分方程式には未知パラメータが残る．この未知パラメータを実験値の時系列データにフィッティングさせるために

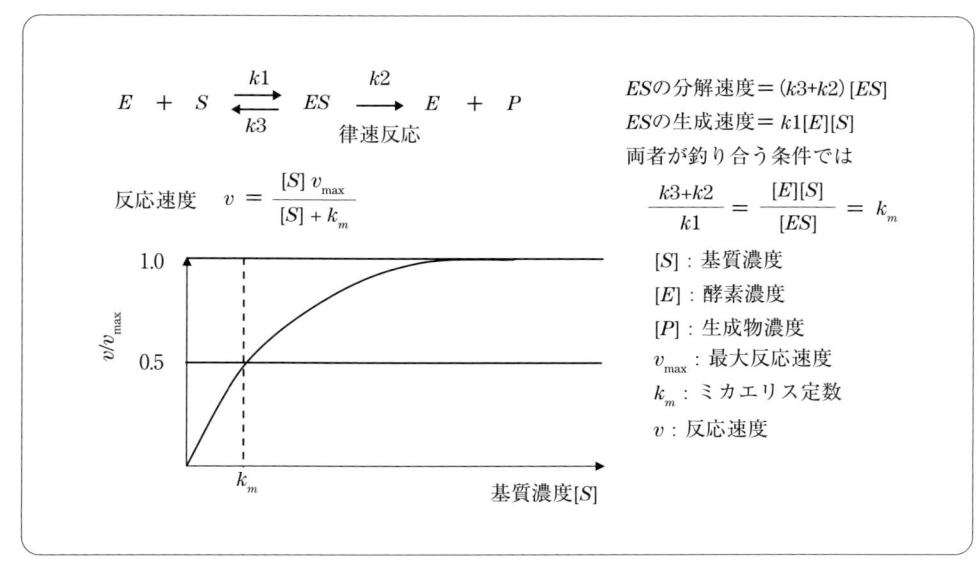

$$E + S \underset{k3}{\overset{k1}{\rightleftharpoons}} ES \overset{k2}{\longrightarrow} E + P$$
律速反応

反応速度 $v = \dfrac{[S]\, v_{max}}{[S] + k_m}$

ES の分解速度 $= (k3+k2)[ES]$
ES の生成速度 $= k1[E][S]$
両者が釣り合う条件では

$$\dfrac{k3+k2}{k1} = \dfrac{[E][S]}{[ES]} = k_m$$

$[S]$：基質濃度
$[E]$：酵素濃度
$[P]$：生成物濃度
v_{max}：最大反応速度
k_m：ミカエリス定数
v：反応速度

酵素反応では，基質（S）と酵素（E）との結合及び乖離は生成物（P）の生成よりも速い．このため，P を生成する反応速度（$k2$）が律速となる．ES の分解速度と生成速度が常に釣り合っていると仮定すると，$k1, k2, k3$ の関係はミカエリス定数 k_m として表現できる．k_m はこの酵素反応の最大速度の 2 分の 1 を達成する基質濃度に相当する．

図 9.4　ミカエリス・メンテン式による酵素反応速度のモデル化

パラメータ最適化技術が必要となる．連立微分方程式の未知パラメータはパラメータ間の依存性が強く，パラメータ空間の幾何学的形状が多峰性なので最適なパラメータセットを同定することは容易ではない [Banga 2008]．このため，局所解にはまりにくい遺伝的アルゴリズム（genetic algorithm）が多用されている [Hatakeyama 2003, Kimura 2005, Nakatsui 2008]．

多くの場合，遺伝的アルゴリズムを用いても適切なパラメータセットを得ることは容易ではなく，得られた未知パラメータの意味を解釈することは困難となる．これは，連立微分方程式では，パラメータ間のトレードオフがあり，特定の観測点を通過するパラメータの組合せが無数に存在するからである [Azuma 2007]．Daniels, B. C. らは，バイオネットワークが持つ冗長性の説明のために，C 空間（chemotype space）と D 空間（dnatype space）を G 空間（genotype space）と P 空間（phenotype space）の間に置くことを提唱している [Daniels 2008]．C 空間は連立微分方程式のパラメータ空間で，D 空間は連立微分方程式により計算されたダイナミックスの空間である．ゲノムワイド相関解析のように遺伝型（G 空間）と表現型（P 空間）を直接結びつけるのではなく，パラメータセット（C 空間）とダイナミックス（D 空間）を結びつけるシミュレーションモデルを間におき，シミュレーションモデルを使って遺伝型とパラメータセット，ダイナミックスと表現型の間の相関を解釈しようという発想である．連立微分方程式は数学的には C 空間から D 空間への写像として定義される．

この写像はパラメータセットが変化しても同一のダイナミクスに写像する中立空間(neutral space; Wagner, A. の造語で a collection of equivalent solutions to the same biological problem と定義 [Wagner 2005])を持つ．これにより，遺伝子ノックアウトによって遺伝子発現を変えてもエネルギー代謝などの表現型が変わらないのかという非表現突然変異現象(silent mutation)や，生命がさまざまな環境に適応するための頑健性と進化可能性パラドックス(robustness and evolvability paradox [Wagner 2008])を説明できるという．

本章のまとめ

　生命現象のモデリングは遺伝型から表現型を結ぶ架け橋であり，遺伝子の変異がなぜ表現型の違いをもたらすかを理解するうえで重要な役割を担っている．しかしながら，生命現象という複雑系を数理モデリングするのは容易ではなく，60兆個の細胞が織りなすナノサイズからメートルサイズの空間レンジ，ミリ秒から年単位の時間レンジの生命現象を統合的に扱う必要がある．また，生命現象のモデリングは，物質・エネルギーの相互作用だけでなく，情報の役割が大きく，遺伝的な多様性や外界に対する高度な応答制御を実現している．モデリングの方法論には，Popperian アプローチと Baconian アプローチがあるが，それぞれに得失がある．Popperian アプローチは仮説や実験的知識から演繹的にモデル化できるがモデルの構築に時間がかかる．Baconian アプローチはシステマティックに実験データから帰納的にモデルを学習できるが正確さに欠ける．膨大なゲノム情報を解釈するためには，仮説や実験的知識からさまざまな状況に応じて，システマティックにモデルを構築する，両者の長所を併せ持つ方法論が求められている．

❶ **Baconian approach**：ベーコン的アプローチ；帰納法により実験データからモデリングする方法論

❷ **Popperian approach**：ポパー的アプローチ；演繹法により仮説及び知識からモデリングして実験により検証する方法論

❸ **gene expression regulation network**：遺伝子発現制御ネットワーク；遺伝子発現を活性化したり抑制化したりする遺伝子間の制御関係をモデル化したネットワーク

❹ **network motif**：ネットワークモチーフ；バイオネットワークにおいて統計的に有意に出現する小規模なネットワークトポロジー

❺ **parameter optimization**：パラメータ最適化；モデリングにおいて出現する未知パラメータを実験データあるいは統計的データを用いて推定すること

10 薬物相互作用予測

　ゲノム配列上の変異が表現型でどのように影響するかがわかれば，個人の健康や医療にゲノム情報を役立てることができる．薬物の代謝は個体差が大きいといわれているが，複数の薬物を摂取した場合は，薬物代謝酵素の阻害などの相互作用により，思わぬ副作用を引き起こす可能性がある．このような相互作用を事前に予測することができれば個別化医療（personalized medicine）に一歩近づけることができる．

　本章では，抗がん剤イリノテカン（irinotecan）と抗真菌剤ケトコナゾール（ketoconazole）の同時投与を題材に，オントロジー，シミュレーションモデル，仮想ポピュレーションを用いた薬物相互作用予測フレームワークについて紹介する．

10.1 薬物相互作用予測とは

　1993年に，抗がん剤5FU（5-fluorouracil）を服薬中の患者に抗ウイルス薬であるソリブジン（sorivudine）を投与したことから，18人の患者が死亡するという薬害事件が発生した[Okuda 1998]．理由は，ソリブジンの代謝物が抗がん剤5FUの代謝酵素であるDPD（dihydropyrimidine dehydrogenase）の酵素機能を阻害していたためである．このため，5FUが細胞中に残り，重篤な血液障害を引き起こした．事件の結果を受け，ソリブジンは5FU系代謝拮抗薬に対しては併用禁忌となっている．

　薬による副作用（adverse drug reaction）は意外に多く，米国においては，薬理副作用の患者数は年間約200万人，そのうち約10万人が死亡しているというショッキングな報告がある[Giacomini 2008]．これは，がんに次ぐ，第4番目の死亡要因に相当する．薬理副作用が起きる理由としては，薬物代謝遺伝子異常などの遺伝の要因に加え，投薬ミス（薬種，量），年齢，性差，人種差，多剤投与（薬物相互作用）などの非遺伝的要因があげられている．このような薬理副作用を回避するためには，個人の遺伝的要因に応じた薬の処方を行う個別化医療（personalized medicine）の必要性が指摘されている[Ratin 2007]．その第一ステップが遺伝子情報を利用した薬物代謝解析である．

　遺伝子情報を利用した薬物代謝解析のアプローチは大きく分けて，SNPやトランスクリプトームのようなゲノムワイドな情報を活用するアプローチと，薬物代謝に関連する遺伝子の変異情報を解析するアプローチがある．Rio, M. D. らは，転移性の直腸がんに対するleucovorin, fluorouracil, irinotecanの3種の抗がん剤を同時併用するカクテル療法（FOLFIRI療法）において，21人の患者のトランスクリプトーム情報から抗がん剤の効果の有無を判別するための遺伝子を選別した[Rio 2007]．21人を腫瘍縮小効果の高かったグループ（52～94%縮小）とそうでなかったグループに分け，サポートベクトルマシン（SVM）を用いて機械学習したところ，二つのグループの識別に有効な14個の遺伝子を発見した．ただし，これらの遺伝子には，薬物の不活化，薬物排出，DNA修復，アポトーシス回避のパスウェイに関連する遺伝子は含まれていなかったという．このことは，薬物の作用を遺伝子発現情報を結びつけて理解するためには，薬物が体内においてどのように代謝され，患部に作用しているかという薬効モデルが必要なことを示唆している．

　薬効は基本的には血液を循環して患部に届いた薬物の量（薬物動態，pharmacokinetics）

と薬物が患部に作用する効力（薬力学，pharmacodynamics）により決まる［杉山 2003］．薬物動態は，特に個人差が大きく，同量の薬物を投与しても，血中濃度が高くなりすぎて副作用がでる人や，逆に，薬物がすぐに代謝されて十分な薬効を示せない人がいる（図 10.1）．この薬物血中濃度の変化を示す曲線が占める面積（AUC）は薬物の個体差を示す良い指標の一つとなっている．一般に，薬物代謝が遅い人は AUC が大きく，早い人は AUC が小さくなる．この AUC をある一定の範囲に納めることが個別化治療では重要となる．

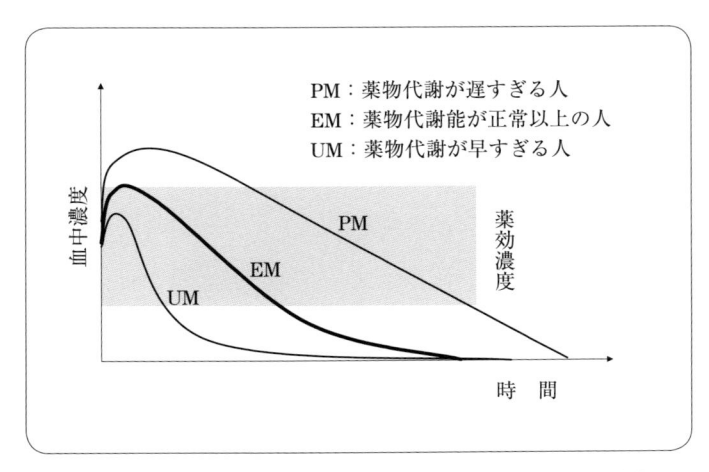

薬効は，薬物血中濃度と薬物の作用の強さで決まる．薬物代謝が遅すぎる人（PM）は，薬物が長時間血中に残りやすく，薬効が強くですぎることがある．逆に，薬物代謝が早すぎる人（UM）は，薬効を発揮する期間が短く，薬効が十分でないことがある．

図 10.1　薬物代謝と薬物血中濃度との関係

薬物は，基本的には体外異物（xenobiotics）であり，最終的にはすべて体外に排泄（excretion）されることを前提として作られている．一般に，薬物は，経口，注射，点滴などにより体内に吸収（absorption）され，血液によって全身に分布し（distribution），肝臓の薬物代謝酵素によって代謝（metabolism）され，解毒化されたのち，胆汁あるいは尿から排泄される．これらの過程において，ある薬物が他の薬物の代謝や輸送を阻害すると薬物相互作用が生じる．以下，抗がん剤イリノテカンと抗真菌剤ケトコナゾールを題材に，薬物相互作用がどのようにして起きるかについて述べる．

イリノテカン（CPT-11）はプロドラッグ（prodrug），すなわち，体内で代謝されたのちに薬効を示す薬である．90 分ほどの時間をかけて静脈から点滴されると，CPT-11 が心臓，肺を介して動脈に送られ，全身に分布する［Mathijssen 2001］．投与された CPT-11 の約 60％はそのまま胆汁あるいは尿として体外に排泄されるが，残りは，おもに肝臓において，SN-38，APC 及び NPC に代謝される［Slatter 2000］．

CPT-11 の薬物代謝パスウェイを図 10.2 に示す．CPT-11 はカルボキシルエステラーゼ

図10.2 イリノテカン（CPT-11）の薬物代謝パスウェイ

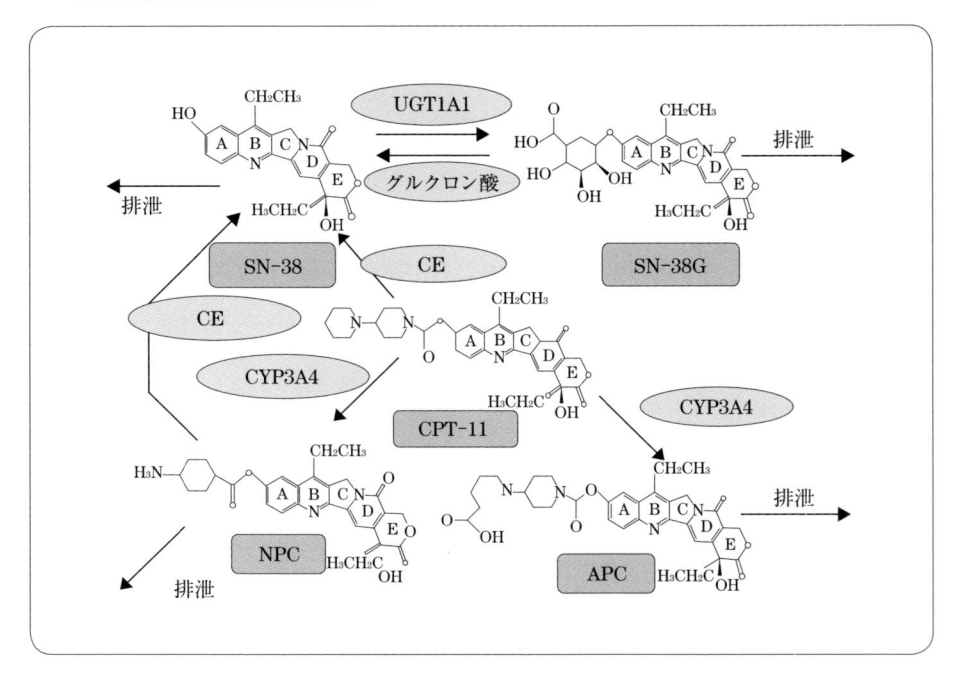

プロドラッグとして投与された CPT-11 は薬物代謝酵素 CYP3A4 により解毒化され，APC 及び NPC に代謝され体外に排泄される．CPT-11 の一部はカルボキシルエステラーゼ（CE）により薬効の高い SN-38 に代謝され，血液を介してがん組織に送られる．SN-38 は薬物代謝酵素 UGT1A1 によりグルクロン酸との包合が起こり，SN-38G としておもに胆汁として排泄される．SN-38G の一部は腸内細菌により脱包合が起き，SN-38 が小腸から吸収され肝臓に戻る腸胆循環が起きる．

（CE）により薬効成分である SN-38 に代謝され，血液を介して患部（がん細胞）に送られる．CPT-11 は薬物代謝酵素 CYP2A3 によって薬効を持たない APC，NPC に代謝され，胆汁及び尿として排泄される．NPC の一部は CE により薬効成分である SN-38 に代謝される．SN-38 は薬物代謝遺伝子 UGT1A1 によりグルクロン酸（glucuronic acid）による包合（conjugation）を受け解毒化されたのち，胆汁及び尿として排泄される．CPT-11 から SN-38 に代謝される量は血中濃度の時間曲線下面積（AUC: area under the blood concentration time curve）換算で，CPT-11 の約20分の1，APC の8分の1，SN-38G の4分の1でしかない [Slatter 2000]．しかしながら，CPT-11 の千倍というオーダの薬効を持つので，SN-38 の血中濃度がイリノテカンの薬効及び副作用を判断するうえで重要となる [Pizzolato 2003]．また，胆汁から小腸へと排出された SN-38G は腸内細菌によりグルクロン酸の脱包合（deconjugation）を受け，再び SN-38 に戻される．これにより，薬効成分が小腸から吸収され，再び肝臓に戻るという腸肝循環が生じる．また，細胞分裂が活発な腸の上皮細胞への毒性が重度の下痢を引き起こす要因の一つとなっている [Tukey 2002]．SN-38 の薬効は，

細胞分裂においてDNA二重螺旋のねじれを解消するDNAトポイソメラーゼ（DNA topoisomerase）に結合することでDNA複製を阻害することで生じる [Hsiang 1989]．不完全なDNA複製がヒストンのりん酸化反応を引き起こし，細胞アポトーシスを招くと考えられている [Huang 2003]．

　一方，ケトコナゾールは白癬菌など真菌に起因する皮膚疾患に有効な抗真菌剤である．ケトコナゾールは真菌のcytochrome p450（CYP）に結合することで，細胞膜を構成するエルゴステロール（ergosterol）の合成を阻害する [Saag 1988]．ケトコナゾールの半減期は約8時間で，約98％が肝臓で他の分子に代謝されるが，ヒトの薬物代謝酵素CYPとも結合するので薬物相互作用の要因となる．Kehrer, D. F. S. らは，イリノテカンとケトコナゾールを同時投与するとCYP3A4によるCPT-11からAPCへの代謝が阻害されるので，SN-38の代謝が増える恐れがあると警告している [Kehrer 2002]．ただし，Kehrerの薬物動態の実験結果では，イリノテカン単独での投与量（300mg/m^2）とイリノテカンとケトコナゾールを同時投与した際のイリノテカンの投与量（100mg/m^2）が異なっているので，同量のイリノテカン（300mg/m^2）とケトコナゾールを同時投与した際にSN-38が実際にどのくらい増えるかを実験データから予測することは難しい．

　一般に，複数の薬物を同時投与した際に，薬物相互作用が起きる可能性があるかどうかは，それぞれの薬物代謝経路をたどり，共通の酵素への結合があるかどうかを検出することで判定することができる．しかしながら，薬物の代謝経路は，経口投与や静脈注射などの薬物の投与方法により変わり，また，酵素への結合があったとしても，それが重大な副作用を伴うかどうかは，薬物動態への影響を定量化しないとわからない．更に，薬物動態は，体重や体脂肪率などの生理学的条件や，薬物代謝酵素の最大代謝速度（v_{max}）やミカエリス定数（k_m）などの速度論定数にも依存する．したがって，薬物相互作用を正確に予測するためには，生理学的パラメータや速度論的パラメータを含んだ薬物動態モデルの数値シミュレーションが必要となる．

　このような薬物動態モデルを体系的に構築する方法論の一つとして，オントロジーとシミュレーションモデルと仮想ポピュレーションを用いたフレームワーク [小長谷 2007] について紹介する．このようなフレームワークを用いることにより個々の薬物の代謝知識をオントロジーとして共有し，投与条件に応じて薬物代謝シミュレーションモデルを自動生成し，仮想ポピュレーションを用いて実験条件に適合するをパラメータセットを同定することで，どのような生理学的条件及び遺伝的因子を持っていると薬物相互作用の危険性が高まるかを推定することが可能となる [Arikuma 2008]．

10.2 薬物相互作用オントロジー

　複数の薬剤を同時投与した際に薬物相互作用が起きるかどうかは，同時投与した際の薬物代謝経路において競合している酵素反応を検出することで判定できる．しかしながら，同時投与時の薬物代謝経路は薬物の組合せ及び投与方法によっても変わるため，すべての組合せを事前にオントロジーとして定義しておくことはオントロジー構築法としても，検索効率の観点からも好ましくない．この問題を解決するために，Arikuma, T. らは薬物代謝経路の要素となる酵素反応や輸送反応のみをオントロジーとして定義し，推論規則を用いて薬物代謝経路を自動生成する OHA フレームワーク（ontology-driven hypothetical assertion framework）を提案している［Arikuma 2008］．OHA フレームワークでは，更に，薬物代謝経路から検出した薬物相互作用を仮説言明（hypothetical assertion）としてオントロジーに動的に追加する．このようなフレームワークを利用することの利点は，オントロジーの構成を簡素化できること，個々の薬物に関する代謝経路はインスタンスの集合としてオントロジーの概念階層とは独立に定義できること，検出された薬物相互作用の意味をオントロジーの概念階層を利用して解釈できることにある．

　薬物相互作用オントロジーを構築するうえで，概念階層をどのように構築するかはオントロジーの利用法に大きく依存する．薬物代謝経路というネットワーク構造の相互互換性を目的とするのであれば，BioPAX［Stromback 2005］や CSO［Jeong 2007］のように代謝経路の記述に必要な概念階層が定義されていれば十分である．しかしながら，代謝経路の意味を理解するためには，現在の BioPAX のオントロジー構成では不十分であり，continuant（物質）と occurrant（事象）を区別した上位オントロジー（upper ontology）の導入の必要性が指摘されている［Luciano 2007］．

　OHA フレームワークでは，概念階層は continuant と process（occurrant と同義）からなり，前者は薬物や酵素など反応を実現する物質（entity）に関する概念階層を定義している．後者は，酵素反応，阻害，吸収，排出など反応そのものに関する概念階層を定義している．薬物代謝経路は本来四次元の現象なので，一つの概念階層で表現するのは難しい．時間と空間とそれぞれ概念階層を独立に記述すると，薬物代謝経路そのものを概念階層に含めることはできなくなるが，薬物代謝経路を構成する酵素反応の意味を正確に定義することが可能となる．このことは，後で薬物相互作用を引き起こす酵素反応の意味を解釈したり，薬物

動態モデルを表現する連立微分方程式を自動生成したりする際に大きく貢献する.

OHA フレームワークでは，薬物代謝経路を，場所（liver, portal_vein など），酵素，基質，生成物，反応（oxidation, primary_active_transport など）を要素とする素反応のインスタンスの集合で表現する．これらの素反応の集合から薬物代謝経路を再構築する仕事は推論規則に任されている．薬物代謝経路をアプリオリに静的に定義された概念として扱うのではなく，場所と生成物及び基質の関係から推論規則により動的に生成される仮説とみなすことで，同時投与された薬剤の組合せ及び薬剤の投与方法に応じた薬物代謝経路を自動生成することが可能となる．

推論規則で検出された薬物相互作用は競合する二つの素反応を要素とする仮説表明（hypothetical assertion）として薬物相互作用オントロジーに追加される．このとき検出された相互作用の素反応にあらかじめ定義されていた関係をたどることで，どの場所で，どの酵素がどのような反応のときに，どの基質や生成物が，どのように競合したかという情報がオントロジーから得られる．例えば，イリノテカン（CPT-11）とケトコナゾール（ketoconazole）の同時投与の場合，薬物相互作用としては，肝臓における薬物代謝遺伝子 CYP3A4 に関する CPT-11 とケトコナゾールの競合阻害のほかに，静脈及び動脈において SN-38 とケトコナゾールによるアルブミン（albumin）に対する結合阻害が検出される（図 10.3）．

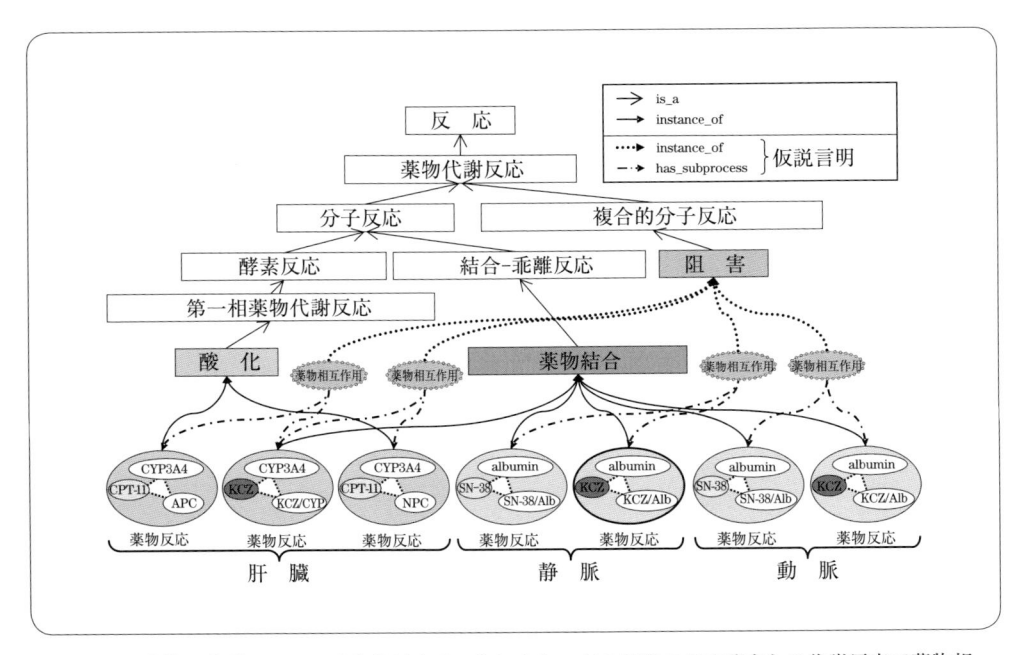

二つの薬物の代謝パスウェイを比較することにより，どの組織のどの酵素との代謝反応で薬物相互作用が起きるかが判別できる．この情報をオントロジーにマッピングすることにより，薬物相互作用の意味をコンピュータに理解させることが可能となる．

図 10.3　薬物相互作用のオントロジーへのマッピング

アルブミンに対する結合阻害は，血液の抗凝固剤であるワルファリン（warfarin）のように結合率が99％近くある場合には，競合によりアルブミンへの結合率が98％に下がっただけでも血中自由ドラッグの濃度は2倍となり，薬効に大きく影響することが知られている［Trynda-Lemiesz 2003］．SN-38 のアルブミンへの結合率は 95%，ケトコナゾールの結合率は 99% と非常に高いので，血中濃度が高い領域では，結合阻害の影響を無視できない可能性は十分ある［Schafer-Korting 1991, (http://www.pharmgkb.org/do/serve?objId=PA 450085)］．

10.3 薬物動態モデルの自動生成

　同時投与した際の薬物代謝経路から検出された薬物相互作用は，競合阻害の可能性を示唆しているが，静的な解析からでは競合阻害が薬物動態にどのように影響するかまではわからない．薬物相互作用の影響を定量的に推定するには，薬物の投与量をはじめとして，身長や体重などの生理学的条件ならびに酵素の速度論パラメータの情報を用いた薬物動態モデルによる数値シミュレーションが不可欠である．薬物動態モデルは薬物及びその代謝物の血中濃度変化を表す連立微分方程式により表現することができる［杉山 2003］．

　通常の薬物動態解析で観測できる項目は，血液（血漿），尿，糞における薬物及びその代謝物の時系列データである．この薬物及び薬物代謝物の血中濃度変化を再現する薬物動態モデルを構築するためには，以下に述べるように，簡略化したモデルであっても多くのパラメータと微分方程式を必要とする．

　薬剤の投与量のモデル化に関しては，静脈注射のような場合には血液中に投与量をそのまま与えればよいが，点滴の場合には，点滴時間に合わせて一定量が血液中に注入される微分方程式を必要とする．経口投与の場合には，小腸などからの薬物の吸収過程を表す微分方程式及び速度定数が必要となる．吸収過程は最も単純には投与量に対して一定の速度（K_a）で小腸に吸収され門脈を流れる化合物として表現できるが，プロドラッグなどで小腸での生体内利用率を議論する場合は吸収・排泄トランスポータ及び代謝酵素に関して別途，吸収過程を表現する微分方程式が必要となる［Mizuma 2008］．

　静脈に注入された薬物は心臓及び肺を介して全身に送られる．経口投与の場合は，門脈から肝臓に送られ，代謝されたのちに薬物及び薬物代謝物が全身に送られる．薬物が全身に送られる前に肝臓での代謝を受けることを初回通過効果（first pass effect）という．薬物の血中濃度は時々刻々と変化しているが，薬物が投与されてから排泄されるまでの時間（数時間

から数日）という単位で考えれば，ほぼ迅速に平均化されると考えてよい．したがって，ある臓器における薬物（代謝物）の濃度変化はその臓器へ流入する血流量（Q_i）と薬物（代謝物）濃度（C_i），臓器への滞留のしやすさを示す組織－血液間分配係数（k_p），血中においてアルブミンなどに結合していない薬物（代謝物）の比を表す血中非結合型分率（f_b）及び臓器の重さ（V_i）などで表現できる．

肝臓においては，薬物代謝酵素により，解毒化のための代謝が行われる．この代謝反応を記述するためには，酵素反応の最大速度（$v_{\max}$），酵素反応のミカエリス定数（k_m），酵素の発現量（a）が必要となる．競合阻害が生じる場合には阻害定数（k_i）が更に必要となる．投与された薬物及びその代謝物は，肝臓からは胆汁として，腎臓からは尿として排出される．この排出を表現するために，肝クリアランス（Clh），腎クリアランス（Clr）が必要となる．これらのパラメータのうち，文献値から値を決められるものもあるが，多くは未知パラメータであり，仮想ポピュレーションで値を定めるか薬物動態の時系列データへのフィッティングが必要となる．

薬物動態モデルの微分方程式の数は，モデルに組み込む臓器の数と代謝物の積にほぼ比例する．モデルが複雑になればより詳細な解析が可能となるが，正確なパラメータが得られない場合は逆にオーバフィッティングにより予測結果の信頼性は低くなる．利用可能な実験データと知識の量と正確さのトレードオフから適切な複雑さを持つモデルの選択が望まれる．イリノテカンの場合，質量分析計の結果から CPT-11 の代謝物は数十以上あることがわかっているが，CPT-11, APC, NPC, SN-38, SN-38G の 5 種類で全体の薬物代謝の 93％ を占めることがわかっている［Slatter 2000］．また，身長，体重，腎クリアランスなどの生理学的パラメータの個体差が 10～50％，放射標識した薬物を用いた薬物動態の時系列データにおいても個体差が 20～40％ あることを考えれば，できるだけモデルを簡素化し，未知パラメータの数を減らすほうが安定したモデルの構築が期待できる．

OHA フレームワークでは，このような観点から，個体を「血管」，「肝臓」，「小腸」，「脂肪」，「その他」で代表させた簡易型生理学的モデルを採用している（**図 10.4**）．「血管」は静脈と動脈からなり，薬物代謝物の血中濃度が迅速平衡であるとみなせる心臓，肺，腎臓を含む．これらの臓器への組織－血液間分配係数をすべての代謝物に対して 1.0 とすることで，臓器中の血液は血液と等価なものとして扱う．腎臓を含むので，「血液」から直接尿に排出されることになる．静脈注射や点滴による薬物は「血液」に直接注入される．「肝臓」は薬物代謝機能を持つ臓器及び組織を代表する．「肝臓」の血中濃度に応じて胆汁に薬物及び代謝物が排泄される．「小腸」は門脈により「肝臓」とつながっているので別扱いとなる．経口投与された薬物は「小腸」への注入として扱われる．「脂肪」は脂溶性の薬物及び代謝物の体内への滞留を表現するために用意する．「その他」は筋肉などの組織に滞留する

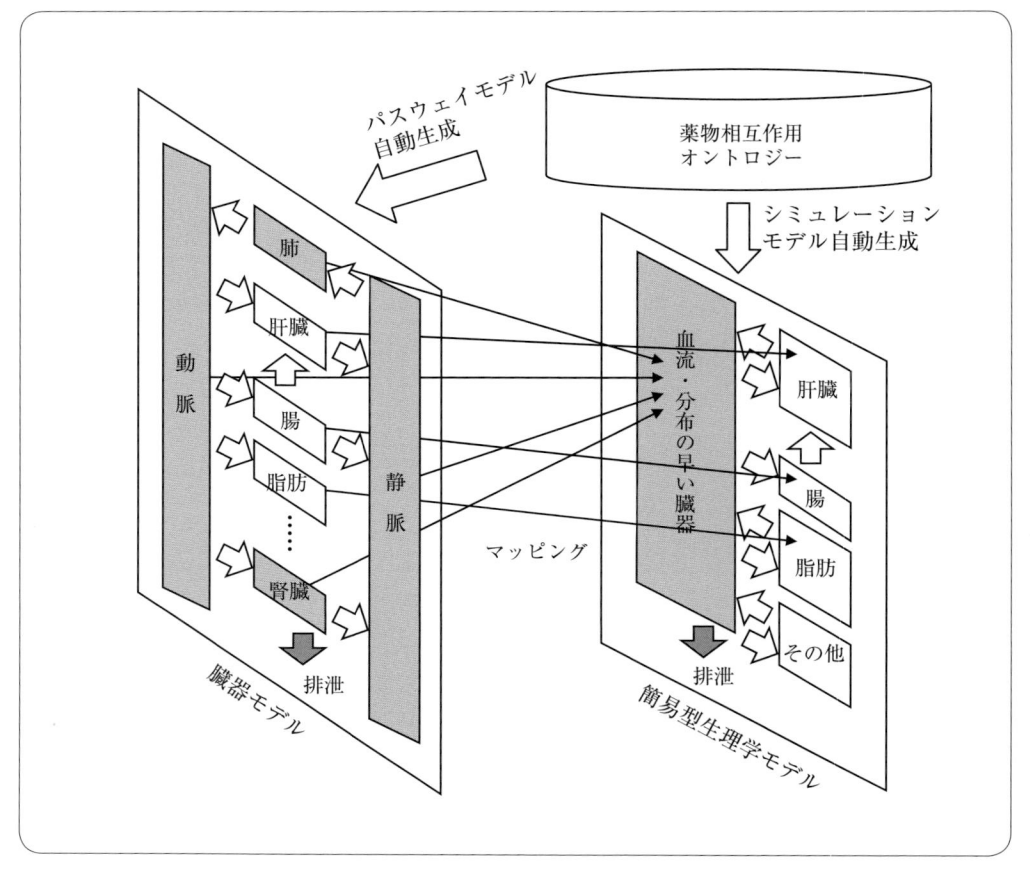

シミュレーションモデルの自動生成においては，モデルの複雑さと利用可能な実験データの精度とのトレードオフが生じる．血中濃度変化が似ている臓器をまとめることで未知パラメータの数を減らすことができる．

図 10.4　薬物動態モデルの簡素化

血液を表す．「脂肪」と「その他」は「血液」に対して並列に置かれているが，組織 - 血液間分配係数の違いが薬物の早い消失相と遅い消失相をもたらす．この違いが薬物動態における薬物消失相のロングテール（long tail）を実現するうえで重要な働きをする．

　薬物動態モデルの連立微分方程式は薬物代謝経路の各反応とほぼ 1 対 1 に対応する．したがって，薬物相互作用オントロジーから薬物代謝経路を自動生成した仕組みと同様にして，簡易型生理学的モデルのうえでの薬物動態モデルのための連立微分方程式を自動生成することができる．薬物動態モデルの自動生成で問題となるのが酵素阻害を表す微分方程式の導出である．酵素阻害には競合阻害，非競合阻害など基質が酵素のどの部分と結合するかによって生成するミカエリス・メンテン式が異なる．同一の酵素の活性部位を二つの基質が奪い合う競合阻害の場合には，反応の最大速度を表す $v_{\max}$ は変わらず，ミカエリス定数，すなわち，最大反応速度の半分を達成するまでに要する基質濃度が阻害定数の分だけ大きくなるよ

うに振る舞う．一方，二つの基質が酵素の別の部位に結合する非競合阻害の場合は，ミカエリス定数 k_m は変わらず，反応に関与する酵素の量が阻害定数の分だけ減るので最大反応速度が低下する．競合阻害が起きるか，非競合阻害が起きるかは基質の結合部位の情報を酵素の知識としてオントロジーに記述しておけば判断できるので，仮説表明として追加した薬物相互作用からのリンクをたどることで適切な微分方程式を自動生成することができる（図 10.5）．

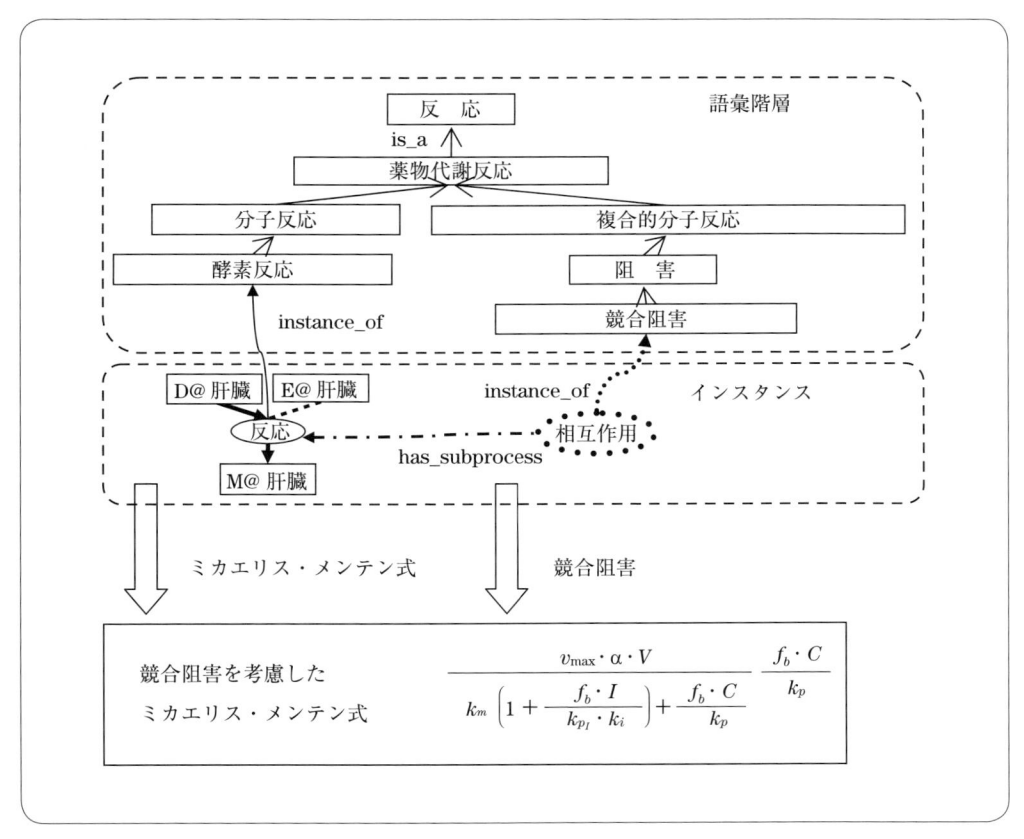

薬物相互作用においては二つの薬物が同一の活性部位に結合する場合は競合阻害となる．異なる部位に結合する場合は非競合阻害となり，生成される微分方程式が異なる．結合部位情報を薬物相互作用オントロジーに持たせ，薬物相互作用をマップするときに競合の種類を判定することで正しい微分方程式の自動生成が可能となる．

図 10.5　オントロジーを用いた薬物相互作用のための微分方程式の自動生成

10.4　仮想ポピュレーション

仮想ポピュレーション（virtual population）は生理学的パラメータ及び速度論的パラメー

タの分布，平均値及び分散から実験サンプルを補完する仮想的な個体群を生成する技術である［Willmann 2007］．一般に，薬物動態で観測できるサンプル数は少なく，また，パラメータのばらつきも大きい．このようなサンプル集団に対してフィッティングを行うと集団の偏りに引きずられるおそれが大きい．この問題を解決するために，仮想ポピュレーションでは生理学的条件の統計データから仮想的な個体モデルを生成し，観測できた薬物動態データに適合するような個体群を選択する．仮想ポピュレーションを用いることの利点は大きく二つある．一つは，連立微分方程式のシミュレーション結果が薬物動態データの分散の範囲に収まるようなパラメータの制約条件を見つけることができること．もう一つは，制約条件を満たすパラメータの間での相関を見つけることができることである．遺伝的アルゴリズムのようなパラメータ最適手法が最適なパラメータセットを求めようとするのに対し，仮想ポピュレーションでは制約条件に適合するパラメータセットの範囲を求めようとする点が異なる．

　例えば，Slatter, J. G. らは，胆管がんのために胆汁への排泄に障害がある患者の薬物動態データを報告している［Slatter 2000］．この薬物動態データには，胆汁における CPT-11, APC, NPC, SN-38, SN-38G を直接測定した時系列データが含まれている．胆汁は糞として排泄されるまでに腸内細菌でのグルクロン酸の脱抱合を受けるため，通常は，肝臓から排出される SN-38G の正確な量を知ることはできない．この意味で，貴重なサンプルデータといえよう．尿及び胆汁から排出された CPT-11, APC, NPC, SN-38, SN-38G の排泄量の ±15% を指標として仮想ポピュレーションを求めたところ，3万人の初期集団から，最終的に，この指標に収まるパラメータを持つ36人の仮想個体を同定することができた．この集団のパラメータを比較したところ，CPT-11（胆汁，尿），NPC（胆汁，尿），SN-38（胆汁）のクリアランス値が通常の患者よりも低く，APC（尿），SN-38（尿），SN-38G（尿）のクリアランス値が高いという相関があった．この結果は胆管がんにより肝臓からの薬物トランスポータ cMOAT が影響を受けている可能性があるという Slatter らの考察を支持している．

　未知パラメータ推定により，薬物動態モデルの標準的な生理学的パラメータ及び速度論的パラメータが求まると，投薬量，投薬条件，酵素発現量などを変化させることで，さまざまな状況下での薬物動態をシミュレーションして予測することが可能となる．イリノテカンとケトコナゾールの同時投与に関しては，薬物代謝経路からの予測とは異なる結果が得られている．薬物代謝経路上からは，CYP3A4 の代謝阻害により APC の代謝が減少し，SN-38 の代謝が増えるように予想される．実際，APC に関しては，血中濃度曲線下面積（AUC）換算および最大値（C_{max}）はそれぞれ 0.48 倍，0.26 倍にまで低下するが，SN-38 の AUC 及び C_{max} はそれぞれ 1.08 倍，1.05 倍であり，薬物相互作用の影響はマイルドであることがわかる（図 10.6）．このようなことが起きるのは，APC に代謝されていた CPT-11 がそのまま SN-38 に代謝されるのではなく，CPT-11 のまま排出される割合が AUC で 1.07 倍，C_{max} で

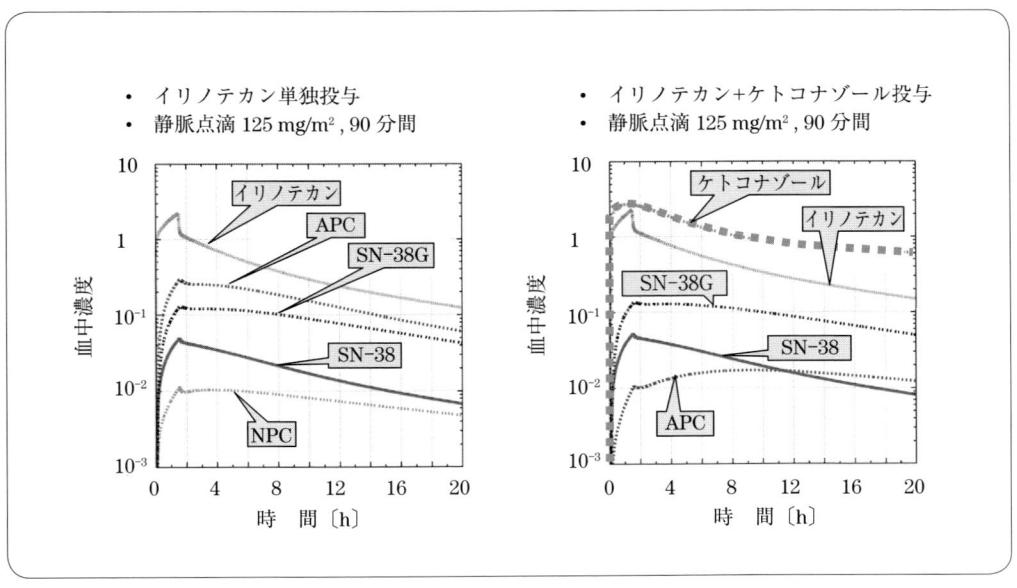

ケトコナゾールはイリノテカン（CPT-11）を APC 及び NPC を代謝する薬物代謝酵素 CYP 3 A4 を阻害する．このため，APC の濃度は大幅に減少するが，SN-38 の濃度は曲線下面積（AUC）比で 8% 増，ピーク値（C_{max}）で 5% 増にとどまる．NPC はほとんど観測できなくなる．この結果は臨床データと整合する［Arikuma 2008］．

図 10.6 イリノテカン（irinotecan）とケトコナゾール（ketoconazole）の相互作用

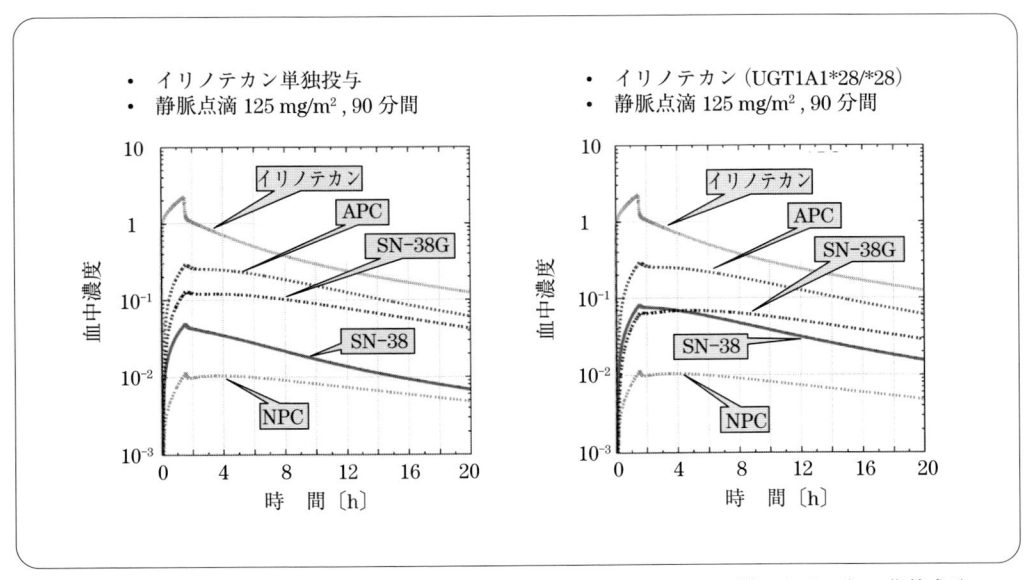

薬物動態シミュレーションにおいて，UGT1A1 の遺伝子発現量を 30% に低下させると，薬効成分である SN-38 の血中濃度は曲線下面積（AUC）比で 108% 増，ピーク値（C_{max}）で 65% 増となる．この結果は，遺伝子発現調節部位の突然変異により遺伝子発現量が減少する UGT1A1*28/*28 変異を持つ患者の臨床結果と相関する［Arikuma 2008］．

図 10.7 遺伝子変異による薬物代謝変化

1.03 倍と増えたことによる．SN-38 の血中濃度が CPT-11 の約 20 分の 1 と少ないことが大きく影響している．イリノテカンとケトコナゾールの処方は併用注意であり，このシミュレーション結果は臨床結果と一致している．

イリノテカンの場合は，むしろ，SN-38 を SN-38G に代謝するグルクロン酸転位酵素 UGT1A1 の遺伝子発現量変化の影響のほうが大きい．シミュレーションモデルによると，UGT1A1 の遺伝子発現量を 30％減らすだけで，SN-38 の AUC は 2.08 倍に，$C_{\max}$ は 1.65 倍となる（図 10.7）．イリノテカンの投与に関しては，グルクロン酸転位酵素の変異，特に，UGT1A1*28（プロモータ領域において通常 6 回の配列繰返しが 7 回となる変異）に関しては遺伝子発現量が減ることが報告されており［Ando 2000］，事前検査が米国食品医薬品局（FDA）から推奨されている．

本章のまとめ

オントロジーとシミュレーションモデルと仮想ポピュレーションを備えた薬物相互作用予測フレームワークにより，薬物動態の観測データをより的確に解釈できることを示した．薬物ごとの素反応を薬物相互作用オントロジーとして体系化することにより，オントロジーから投与状況に応じて薬物代謝経路並びに薬物動態モデルを自動生成することが可能となる．薬物代謝経路から薬物相互作用を検出し，薬物相互作用オントロジーに仮説表明として追加することにより，薬物相互作用が起きたときの酵素阻害の意味をオントロジーの背景知識を利用して解釈することが可能となる．また，酵素阻害の意味を理解して，適切な微分方程式を自動生成することが可能となる．

❶ **ADME**（absorption, distribution, metabolism and excretion）：薬の吸収，分布，代謝，排泄に関する解析

❷ **drug-drug interaction**：薬物相互作用；複数の薬を同時に併用した際に酵素阻害などの発生により薬の副作用が生じること

❸ **pharmacodynamics**：薬力学；薬物の作用部位での薬物濃度と薬理効果を定量的に扱う学問

❹ **pharmacokinetics**：薬物動態；投与された薬の吸収，分布，代謝，排泄の速度過程の学問

❺ **virtual population**：仮想ポピュレーション；生理学的指標に関する統計を用いて仮想的な患者群あるいは健常者群を生成して解析する手法

引用・参考文献

(2 章)

[増井 2003] 増井 徹, 高田 容子:ゲノム研究の倫理的, 法的, 社会的側面 – 新しいゲノム研究は病歴など個人情報の利用枠組みなしには成り立たない, Yakugaku Zasshi, **123**, 3, pp.107〜119 (2003)

[Aborn 2005] Aborn, J. H., El-Difrawy, S. A.,…, Streechon, P. and Ehrlich, D. J.:A 768-lane Microfabricated System for High-throughput DNA Sequencing, Lab Chip, **5**, pp. 669〜674 (2005)

[Bentley 2006] Bentley, D. R.:Whole-Genome Re-sequencing, Current Opinion in Genetics & Development, **16**, pp.545〜552 (2006)

[Blazej 2006] Blazej, R. G., Kumaresan, P. and Mathies, R. A.:Microfabricated Bioprocessor for Integrated Nanoliter-scale Sanger DNA Sequencing, PNAS, **103**, 19, pp.7240〜7245 (2006)

[Blow 2007] Blow, N.:The Personal Side of Genomics, Nature, **449**, pp.627〜631 (2007)

[Braslavsky 2003] Braslavsky, I., Hebert, B., Kartalov, E. and Quake, S. R.:Sequencing Information Can Be Obtained From Single DNA Molecules, PNAS, **100**, 7, pp.3960〜3964 (2003)

[Collins 2003a] Collins, F. S., Green, E. D., Guttmacher, A. E. and Guyer, M. S.:A Vision for the Future of Genomic Research, Nature, **422**, pp.835〜847 (2003)

[Collins 2003b] Collins, F. S., Morgan, M. and Patrinos, A.:The Human Genome Project: Lessons form Large-Scale Bilogy, Science, **300**, pp.286〜290 (2003)

[Eriksson 2005] Eriksson, S. and Helgesson, G.:Potential Harms, Anonymization, and the Right to Withdraw Consent to Biobank Resaerch, European Journal of Human Genetics, **13**, pp.1071〜1076 (2005)

[Green 2006] Green, R. E., Krause, J., … , Paunovic, M. and Paabo, S.:Analysis of One Million Base Pairs of Neanderthal DNA, Nature, **444**, pp. 330〜336 (2006)

[IHGSC 2001] International Human Genome Sequencing Consortium:Initial Sequencing and Analysis of the Human Genome, Nature, **409**, pp. 860〜921 (2001)

[IHGSC 2004] International Human Genome Sequencing Consortium:Finishing the Euchromatic Sequence of the Human Genome, Nature, **431**, pp.931〜945 (2004)

[Istrail 2004] Istrail, S., Sutton, G. G., …, Myers, E. W. and Venter, J. C.:Whole-Genome Shotgun Assembly and Comparison of Human Genome Assemblies, PNAS, **101**, 7, pp. 1916〜1921 (2004)

[Lagerqvist 2006] Lagerqvist, J., Zwolak, M. and Ventra, M. D.:Fast DNA Sequencing via Transverse Electronic Transport, NANO LETTERS, **6**, 4, pp.779〜782 (2006)

[Levy 2007] Levy, S., Sutton. G.,…, Strausberg, R. L. and Venter C. J.:The Diploid Genome Sequence of an Individual Human, PLoS Biology, **5**, 10, e254 (2007)

[Lin 2004] Lin, Z., Owen, A. B. and Altman, R. B.:Genomic Research and Human Subject Privacy, Science, **305**, p.183 (2004)

[Lincoln 2004] Lincoln D. S.:End of the Beginning, Nature, **431**, pp.915〜916 (2004)

[Margulies 2005]　Margulies, M., Egholm, M., …, Begley, R. F. and Rothberg, J. M. : Genome Sequencing in Open Microfabricated High Density Picoliter Reactor, Nature, **437**, pp.376〜380（2005）

[Maxam 1976]　Maxam, A. M. and Gilbert, W. : A New Method for Sequencing DNA, PNAS, **74**, 2, pp.560〜564（1976）

[Mitchelson 2007]　Mitchelson, K. R.（Ed.）: New High Throughput Technologies for DNA Sequencing And Genomics, Elsevier（2007）

[Noonan 2006]　Noonan, J. P., Coop, G., …, Pritchard, J. K. and Rubin, E. M. : Sequencing and Analysis of Neanderthal Genomic DNA, Science, **314**, pp. 1113〜1118（2006）

[Robertson 2003]　Robertson, J. A. : The $1 000 Genome: Ethical and Legal Issues in Whole Genome Sequncing of Individuals, The American Journal of Bioethics, **3**, 3, pp.w35〜w42（2003）

[Rogers 2005]　Rogers, Y. H. and Venter, J. G. : Massively Parallel Sequencing, Nature, **437**, pp.326〜327（2005）

[Sanger 1977]　Sanger, F., Nicklen, S. and Coulson, A. R. : DNA Sequencing with Chain-terminating Inhibitors, PNAS, **74**, 12, pp.5463〜5467（1977）

[Service 2006]　Service, R. F. : The Race for the $1 000 Genome, Science, **311**, pp. 1544〜1546（2006）

[Shendure 2004]　Shendure, J., Mitra, R.D., Varma, C. and Church, G. M. : Advanced Sequencing Technologies: Methods and Goals, Nature Reviews Genetics, **5**, pp.335〜344（2004）

[Shendure 2005]　Shendure, J., Gregory, J. P., …, Robi D. M. and George, M. C. : Accurate Multiplex Polony Sequencing of an Evolved Bacterial Genome, Science, **309**, pp. 1728〜1732（2005）

[Singer 2007]　Singer, E. : The $2 Million Genome, Technology Review,（June 01, 2007）

[Venter 2001]　Venter, C. J., et al. : The Sequence of the Human Genome, Science, **291**, pp.1304〜1351（2001）

[Wada 1983]　Wada, A., Yamamoto, M. and Soeda, E. : Automatic DNA Sequencer: a Computer-programmed Microchemical Manipulator for the Maxam-Gilbert Sequencing Method, Rev. Sc. Instrum, **54**, pp.1569〜1572（1983）

[Wada 1984]　Wada, A. : Automatic DNA Sequencing, Nature , **307**, p.193（1984）

[Wall 2007]　Wall, J. D. and Kim, S. K. : Inconsistencies in Neanderthal Genomic DNA Sequences, PloS Genetics, doi:10.1371/journal.pgen.0030175.eor,（2007）

（3　章）

[崎谷 2008]　崎谷 満：DNA でたどる日本人 10 万年の旅，昭和堂（2008）

[Albertson 2003]　Albertson, D. G. and Pinkel, D. : Genomic Microarrays in Human Genetic Disease and Cancer, Human Molecular Genetics , **12**, pp.R145〜R152（2003）

[Asakage 2007]　Asakage, T., Yokoyama, A.,…, Omori, T. and Watanabe, H. : Genetic Polymorphisms of Alcohol and Aldehyde Dehydrogenases, and Drinking, Smoking and Diet in Japanese Men with Oral and Pharyngeal Squamous Cell Carcinoma, Carcinogenesis , **28**, 4, pp.865〜874（2007）

[Barnes 2003]　Barnes, M. R. and Gray, I. C. : Bioinformatics for Geneticists, Wiley（2003）

[Fiegler 2006]　Fiegler, H., Redon, R.,…, Hurles, M. E. and Carter, N. P. : Accurate and Reliable High-throughput Detection of Copy Number Variation in the Human Genome, Genome Research,

16, pp.1566〜1574 (2006)

[HGSVWG 2007]　The Human Genome Structural Variation Working Group : Completing the Map of Human Genetic Variation, Nature, **447**, 10 May, pp.161〜165 (2007)

[IHC 2005]　The International HapMap Consortium : A haplotype map of the human genome, Nature, **437**, pp.1299〜320 (2005)

[Jain 2001]　Jain, A. N., Chin, K., …, Kaaresen, R. and Gray, J. W. : Quantitative Analysis of Chromosomal CGH in Human Breast Tumors Associates Copy Number Abnormalities with p53 Status and Patient Survival, PNAS, **98**, pp. 7952〜7957 (2001)

[Kojima 2006]　Kojima, T., Mukai, W., …, Sakai, Y. and Kaneko, S. : Determination of Genomic Breakpoints in an Epileptic Patient using Genotyping Array, Biochemical and Biophysical Research Communication, **341**, pp.792〜796 (2006)

[Mills 2006]　Mills, R. E. Luttig, C. T., …, Pittard, W. S. and Devine, S. E. : An Initial Map of Insertion and Deletion (INDEL) Variation in the Human Genome, Genome Research, **16** , pp.1182〜1190 (2006)

[Myers 2004]　Myers, R. H. : Huntington's Disease Genetics, NeuroRx, **1**, 2, pp.255〜262 (2004)

[Nose 2008]　Nose, J., Saito, A. and Kamatani, N. : Statistical Analysis of the Associations between Polymorphisms within Aldehyde Dehydrogenase 2 (ALDH2) , and Quantitative and Qualitative Traits Extracted from a Large-Scale Database of Japanese Single-Nucleotide Polymorphisms (SNPs), Human Genetics, **53**, pp.425〜438 (2008)

[Patrinos 2005]　Patrinos, G. P. and Brookes, A. J. : DNA, diseases and databases: disastorously deficient, Trends in Genetics, **21**, 6, pp. 333〜338 (2005)

[Redon 2006]　Redon, R., Ishikawa, S., …, Scherer, S. W. and Hurles, M. E. : Global Variation in Copy Number in the Human Genome, Nature, **444**, pp.444〜454 (2006)

(**4 章**)

[島本 2007]　島本 和明：メタボリックシンドロームと生活習慣病，診断と治療社 (2007)
[田中 2006]　田中 十志也：PPARδとメタボリックシンドローム，日薬理誌，**128**, pp. 225〜230 (2006)
[永田 1996]　永田 靖：統計的方法のしくみ，日科技連出版社 (1996)
[永田 1997]　永田 靖，吉田 道弘：統計的多重比較法の基礎，サイエンティスト社 (1997)
[浜田 1999]　浜田 知久馬：学会・論文発表のための統計学，真興交易医書出版部 (1999)
[Altshuler 2000] Altshuler, D., Hirschhorn, J. N., …, Groop, L. and Lander, E. S. : The Common PPARYPro12Ala Polymorphism is Associated with Decreased Risk of Type 2 Diabetes, Nature, **26**, September, pp. 76〜80 (2000)

[Chang 2007]　Chang, Y. C., Chang, T. J., …, Chiu, K. C. and Chuang, L. M. : Association Study of the Genetic Polymorphisms of the Transcription Factor 7-like 2 (TCF7L2) Gene and Type 2 Diabetes in the Chinese Population, Diabetes, **56**, pp. 2631〜2637 (2007)

[Dahlgren 2007]　Dahlgren, A., Zethelius, B., …, Syvanen, A. C., Berne, C. : Variants of the TCF7L2 Gene are Associated with Beta Cell Dysfunction and Confer an Increased Risk of Type 2 Diabetes Mellitus in the ULSAM Cohort of Swedish Elderly Men, Diabetologia, **50**, pp. 1852〜1857 (2007)

[DGI 2007]　Diabetes Genetics Initiative : Genome-Wide Association Analysis Identifies Loci for

Type 2 Diabetes and Triglyceride Levels, Science, **316**, 1 June, pp. 1331〜1336 (2007)

[Elbein 2007]　Elbein, S. C., Chu, W. S., …, Rasouli, N. and Kern, P. A. : Transcription Factor 7-like 2 Polymorphisms and Type 2 Diabetes, Glucose Homeostasis Traits and Gene Expression in US Participants of European and African Descent, Diabetologia, **50**, pp. 1621〜1630 (2007)

[Florez 2006]　Florez, J. C., Jablonski, K. A., …, Nathan, D. M. and Altshuler, D. : TCF7L2 Polymorphisms and Progression to Diabetes in the Diabetes Prevention Program, New England Journal of Medicine, **355**, 3, pp. 241〜250 (2006)

[Frayling 2007]　Frayling, T. M. : Genome-wide Association Studies Provide New Insights into Type 2 Diabetes Aetiology, Nature Reviews Genetics, **8**, September, pp. 657〜662 (2007)

[Gable 2006]　Gable, D. R., Stephens, J. W., …, Miller, G. J. and Humbphries, S. E. : Variation in the UCP2-UCP3 Gene Cluster Predicts the Development of Type 2 Diabetes in Healthy Middle-Aged Men, Diabetes, **55**, pp. 1504〜1511 (2006)

[Grant 2006]　Grant, S. F. A., Thorleifsson, G., …, Kong, A. and Stefansson, K. : Variant of Transcription Factor 7-like 2 (TCF7L2) Gene Confers Risk of Type 2 Diabetes, Nature Genetics, **38**, 3, pp. 320〜323 (2006)

[Hayashi 2007]　Hayashi, T., Iwamoto, Y., Kaku, K., Hirose, H. and Maeda, S. : Replication Study for the Association of TCF7L2 with Susceptibility to Type 2 Diabetes in a Japanese Population, Diabetologia, **50**, pp. 980〜984 (2007)

[Horikoshi 2007]　Horikoshi, M., Hara, K., Ito, R., Froguel, P. and Kadowaki, T. : A Genetic Variation of the Transcription Factor 7-like 2 Gene is Associated with Risk of Type 2 Diabetes in the Japanese Population, Diabetologia, **50**, pp. 747〜751 (2007)

[Kimmel 2006]　Kimmel, G. and Shamir, R. : A Fast Method for Computing High-Significance Disease Association in Large Population-Based Studies, Human Genetics, **79**, pp. 481〜492 (2006)

[Kustra 2008]　Kustra, R., Shi, X., …, Greenwood, C. M. T. and Rangrej, J. : Efficient p-value Estimation in Massively Parallel Testing Problems, Biostatistics, March 18 (2008)

[Myers 2004]　Myers, R. H. : Huntington's Disease Genetics, NeuroRx, **1**, 2, pp. 255〜262 (2004)

[Pearson 2008]　Pearson, T. A. and Monolio, T. A. : How to Interpret a Genome-wide Association Study, JAMA, **299**, 11, pp. 1335〜1344 (2008)

[Prentice 2005]　Prentice, A. M., Rayco-Solon, P. and Moore, S. E. : Insights from the Developing World: Thrifty Genotypes and Thrifty Phenotypes, Nutrition Society, **64**, pp. 153〜161 (2005)

[Pritchard 2002]　Pritchard, J. K. and Cox, N. J. : The Allelic Architecture of Human Disease Genes: Common Disease-Common Variant…or Not?, Human Molecular Genetics, **11**, 20, pp. 2417〜2423 (2002)

[Reynisdottir 2003]　Reynisdottir, I., Thorleifsson, G., …, Stefansson, K. and Gulcher, J. R. : Localization of a Suscptibility Gene for Type 2 Diabetes to Chromosome 5q34-q35. 2, American Journal of Human Genetics, **73**, pp. 325〜335 (2003)

[Rienzo 2006]　Rienzo, A. D. : Population genetics models of common diseases, Current Opinion in Genetics & Development, **16**, 6, pp. 630〜636 (2006)

[Schrauwen 2002]　Schrauwen, P. and Hasselink, M. : UCP2 and UCP3 in Muscle Controlling Body Metabolism, Experimental Biology, **205**, pp. 2275〜2285 (2002)

[Scott 2007]　Scott, L. J., Mohlke, K. L., …, Collins, F. S. and Boehnke, M. : A Genome-Wide

Association Study of Type 2 Diabetes in Finns Detects Multiple Susceptibility Variants, Science, **316**, 1 June, pp. 1341〜1345 (2007)

[Shiwaku 2003] Shiwaku, K., Nogi, A., ⋯, Shimono, K. and Yamane, Y. : Difficulty in Losing Wight by Behavioral Intervention for Woman with Trp64Arg Polymorphism of the β 3-adrenergic Receptor Gene, Obesity, **27**, pp. 1028〜1036 (2003)

[Shu 2008] Shu, L., Sauter, N. S., ⋯, Oberholzer, J. and Maedler, K. : Transcription Factor 7-like 2 Regulates β-Cell Survival and Function in Human Pancreatic Islets, Diabetes, **57**, pp. 645〜653 (2008)

[Sladek 2007] Sladek, R., Rocheleau, G., ⋯, Polychronakos, C. and Froguel, P. : A Genome-Wide Association Study Indentifies Novel Risk Loci for Type 2 Diabetes, Nature, **445**, 22 Feb. , pp. 881〜885 (2007)

[Speakman 2002] Speakman, J. R., Selman, C., McLaren, J. S. and Harper, E. J. : Living Fast, Dying When? The Link between Aging and Energetics, Nutritional Sciences, Nutritional Sciences, **132**, pp. 1583S〜1597S (2002)

[Steinthorsdottir 2007] Steinthorsdottir, V., Thorleifsson G., ⋯, Kong, A. and Stefansson, K. : A Variant in CDKAL1 influences Insulin Response and Risk of Type 2 Diabetes, Nature Genetics, **39**, 6, pp. 770〜775 (2007)

[Storey 2003] Storey, J. D. and Tibshirani, R. : Statistical Significance for Genomewide Studies, PNAS, **100**, 16, pp. 9440〜9445 (2003)

[Tilburg 2001] van Tilburg, J., van Haeften, T. W., Pearson, P. and Wijmenga, C. : Defining the Genetic Contribution of Type 2 Diabetes Mellitus, Molecular Genetics, **38**, pp. 569〜578 (2001)

[Uthurralt 2007] Uthurralt. J., Gordish-Dressman, H., ⋯, Gordon, P. M. and Hoffman, E. P. : PPARaL162V Underlies Variation in Serum Triglycerides and Subcutaneous Fat Volume in Young Males, BMC Medical Genetics, **8**, 55 (2007)

[Walston 1995] Walston, J. and Silver, K., et al. : Time of onset of non-insulin-dependent diabetes mellitus and genetic variation in the b3-adrenergic-receptor gene. New England Journal of Medicine, **333**, pp. 343〜347 (1995)

[WTCCC 2007] The Wellcome Trust Case Control Consortium : Genome-wide Association Study of 14,000 cases of Seven Common Diseases and 3,000 Shared Controls, Nature, **447**, 7 June, pp. 661〜683 (2007)

[Zeggini 2007] Zeggini, E., Weedon, M. N., ⋯, McCarthy, M. I. and Hattersley, A. T. : Replication of Genome-Wide Association Signals in UK Samples Reveals Risk Loci for Type 2 Diabetes, Science, **316**, 1 June, pp. 1336〜1341 (2007)

(5 章)

[Benz 1997] Benz, E. J. jr. and Huang, S. C. : Role of Tissue Specific AlteRNAtive Pre-mRNA Splicing in the Differentiation of the Erythrocyte Membrane, American Clinical Climatological Association, **108**, pp.78〜95 (1997)

[Bolstad 2003] Bolstad, B. M., Irizarry, R. A,. Astrand, M. and Speed, T. P. : A Comparison of Normalization Methods for High Density Oligonucleotide Array Data based on Variance and Bias, Bioinformatics, **19**, pp.185〜193 (2003)

[Breitling 2004] Breitling, R., Armengaud, P., Amtmann, A. and Herzyk, P. : Rank Products: a Simple, Yet Powerful, New Method to Detect Differentially Regualted Genes in Replicated Microarray Experiments, FEBS Letter, **573**, pp.83〜92 (2004)

[Brown 1999] Brown, P. O. and Botstein, D. : Exploring the New World of the Genome with DNA Microarray, Nature Genetics, **21**, pp.33〜37 (1999)

[Carninci 2006] Carninci, P. : Tagging Mammalian Trancription Complexity, Trends in Genetics, **22**, 9, pp.501〜510 (2006)

[Dixon 2007] Dixon, A.L., Liang, L., …, Abecasis, G. R. and Cookson, W. O. C. : A Genome-wide Association Study of Global Gene Expression, Nature Genetics, **39**, pp.1202〜1207 (2007)

[ENCODE 2007] The ENCODE Project Consortium : Identification and Analysis of Functional Elements in 1 % of the Human Genome by the ENCODE Pilot Project, Nature, **447**, pp.799〜816 (2007)

[Furuno 2006] Furuno, M., Pang, K. C., …, Mattick, J. S. and Suzuki, H. : Clusters of InteRNAlly Primed Transcripts Reveal Novel Long Noncoding RNAs, PLoS Genetics, **2**, 4, e37 (2006)

[Gasch 2000] Gasch, A. P., Spellman, P. T., …, Botstein, D. and Brown, P. O. : Genomic Expression Programs in the Response of Yeast Cells to Environmental Changes, Molecular Biology of the Cell, **11**, pp. 4241〜4257 (2000)

[Genome NW] http://mext-life.jp/genome/index.html（2009年3月現在）

[Gilad 2008] Gilad, Y., Rifkin, S. A. and Pritchard, J. K. : Revealing the Architecture of Gene Regulation: the Promise of eQTL Studies, Trends in Genetics, **24**, 8, pp.408〜415 (2008)

[Goring 2007] Goring, H. H. H., Curran, J. E.,…, Moses, E. K. and Blangero, J. : Discover of Expression QTLs using Large-scale Transcriptional Profiling in Human Lymphocytes, Nature Genetics, **29**, pp.1208〜1216 (2007)

[Graveley 2005] Graveley, B. R. : Mutually Exclusive Splicing of the Insect Dscam Pre-mRNA Directed by Competing Intronic RNA Secondary Structures, Cell, **123**, pp.65〜73 (2005)

[Gustincich 2006] Gustincich, S., Sandelin, A., …, Hayashizaki, Y. and Carninci, P. : The Complexity of the Mammalian Transcriptome, Physiology, **575**, pp.321〜332 (2006)

[Holste 2008] Holste, D. and Ohler, U. : Strategies for Identifying RNA Splicing Regulatory Motifs and Predicting AlteRNAtive Splicing Events, PLoS, **4**, 1, e21 (2008)

[Jeffery 2006] Jeffery, I. B., Higgins, D. G. and Culhane, A. C. : Comparison and Evaluation of Methods for Generating Differentially Expressed Gene List from Microarray Data, BMC Bioinformatics, **7**, 359 (2006)

[Kapranov 2005] Kapranov, P., Drenkow, J., …, Dike, S. and Cingeras, T. R. : Examples of the Complex Architecture of the Human Transcriptome Revealed by RACE and High-density Tiling Arrays, Genome Research, **15**, pp.987〜997 (2005)

[Konishi 2004] Konishi, T. : Three-parameter Lognormal Distribution Ubiquitously Found in cDNA Microarray Data and its Application to Parametric Data Treatment, BMC Bioinformatics, **5**, 5 (2004)

[Luscombe 2004] Luscombe, N. M. Babu, M. M., …, Teichmann, S. A. and Gerstein, M. : Genomic Anaysis of Regulatory Network Dynamics Reveals Large Topological Changes, Nature, **431**, pp.308〜312 (2004)

[McClintick 2006]　McClintick, J. N., Edenberg, H. J. : Effects of Filtering by Present Call on Analysis of Microarray Experiments, BMC Bioinformatics, **7**, 49 (2006)

[Mendes Soares 2006]　Mendes, S. L. M. and Valcarcel, V. : The Expanding Trancriptome: The Genome as The 'Book of Sand', EMBO, **25**, 5, pp.925〜931 (2006)

[Okoniewski 2008]　Okoniewski, M. J. and Miller, C. J. : Comprehensive Analysis of Affymetrix Exon Array Using BioConductor, PLoS Computational Biology, **4**, 2, e6 (2008)

[Stranger 2005]　Stranger, B. E., Forrest, M. S., …, Deloukas, P. and Dermitzakis, E. T. : Genome-Wide Association of Gene Expression Variation in Humans, PLoS Genetics, **1**, 6, e78 (2005)

[Stranger 2007]　Stranger, B. E., Nica, A. C., …, Deloukas, P. and Dermitzakis, E. T. : Population Genomics of Human Gene Expression, Nature Genetics, **29**, pp.1217〜1214 (2007)

[Tusher 2001]　Tusher, V. G., Tibshirani, R. and Chu, G. : Significant Analysis of Microarrays Applied to the Ionizing Radiation Response, PNAS, **98**, 9, pp.5116〜5121 (2001)

[Whitney 2003]　Whitney, A. R., Diehn, M., …, Relman, D. A. and Brown, P. O. : Individuality and Variation in Gene Expression Patterns in Human Blood, PNAS, **100**, pp.1896〜1901 (2003)

[Wittkopp 2004]　Wittkopp, P. J., Haerum, B. K. and Clark, A. G. : Evolutionary Changes in Cis and Trans Gene Regulation, Nature, **430**, 1 July, pp.85〜88 (2004)

（**6 章**）

[増田 2006]　増田 直紀，巳波 弘佳，今野 紀雄：構造と機能から見た複雑ネットワーク，日本応用数理学会 , **16**, 1, pp.2〜16 (2006)

[Albert 2000]　Albert, R., Jeong, H. and Barabasi, A. L. : Error and Attack Tolerance of Complex Networks, Nature, **406**, July 27, pp.378〜382 (2000)

[Albert 2005]　Scale-free Networks in Cell Biology, Cell Science, **118**, pp.4947〜4957 (2005)

[Bachi 2008]　Bachi, A. and Banaldi, T. : Quantitative Proteomics as a New Piece of the Systems Biology Puzzle, Proteomics, July 7 (2008)

[Balgley 2007]　Balgley, B. M., Laudeman, T.,…, Song, T. and Lee, C. S. : Comparative Evaluation of Tandem MS Search Algorithms Using a Target-Decoy Search Strategy, Molecular & Cellular Proteomics, **6**, 9, pp.1599〜1608 (2007)

[Bergeron 2007]　Bergeron, J. J. M. and Bradshaw, R. A. : What Has Proteomics Accomplished?, Molecular & Cellular Proteomics, **6**, 10, pp.1824〜1826 (2007)

[Brockmann 2007]　Brockmann, R., Beyer, A., Heinish, J. J. and Wilhelm, T. : Posttranscriptional Expression Regulation: What Determines Translation Rates?, PLoS Computational Biology, **3**, 3, e57 (2007)

[Brusic 2007]　Brusic, V., Marina, O., Wu, C. J. and Reinherz, E. L. : Proteome Informatics for Cancer Research: From Moleculers to Clinic, Proteomics, **7**, pp.976〜991 (2007)

[Cox 2005]　Cox, B., Kislinger, T. and Emili, A. : Integrating Gene and Protein Expression Data: Pattern Analysis and Profile Mining, Methods, **35**, pp.302〜314 (2005)

[Cox 2007]　Cox, J. and Mann, M. : Is Proteomics the New Genomics?, Cell, **130**, Aug. 10, pp.395〜398 (2007)

[Cusick 2005]　Cusick, M. E., Klitgord, N., Vidal, M. and Hill, D. E. : Interactome: Gateway into Systems Biology, Human Molecular Genetics, **14**, 2, pp.171〜181 (2005) [de Noo 2006]　Current Status and Prospects of Clinical Proteomics Studies on Detection of Colorectal Cancer: Hopes and Fears, World J Gastroenterol, **12**, 41, pp.6594〜6601 (2006)

[Ekman 2006]　Ekman, D., Light, S., Bjoerklund, A. K. and Elofsson, A. : What Properties Characterize the Hub Proteins of the Protein-Protein Interaction Network of Saccharomyces Cerevisiae?, Genome Biology, **7**, R45 (2006)

[Falk 2007]　Falk, R., Ramstroem, M., Staohl, S. and Hober, S. : Approaches for Systematic Proteome Exploration, Biomolecular Engineering, **24**, pp.155〜168 (2007)

[Gygi 1999]　Gygi, S. P., Rist, B., ···, Gelb, M. H. and Aebersold, R. : Quantitative analysis of complex protein mixtures using isotope-coded affinity tags, Nature Biotechnology, **17**, pp.994〜999 (1999)

[Gyorffy 2007]　Gyorffy, B., Lage, H. : A Web-Based Data Warehouse on Gene Expression in Human Malignant Melanoma, Investigative Dermatology, **127**, pp.394〜399 (2007)

[Hakes 2005]　Hakes, L., Robertson, D. L. and Oliver, S. G. : Effect of Dataset Selection on the Topological Interpretation of Protein Interaction Networks, BMC Genomics, **6**, 131 (2005)

[Han 2004]　Han, J. D. J., Bertin, N., ···, Roth, F. P. and Vidal, M. : Evidence for Dynamically Organized Modularity in the Yeast Protein-Protein Interaction Network, Nature, **430**, pp.88〜93 (2004)

[Henzel 1993]　Henzel, W. J., Billeci, T. M., ···, Grimley, C. and Watanabe, C. : Identifying Proteins from Two-Dimensional Gels by Molecular Mass Searching of Peptide Fragments in Protein Sequence Database, PNAS, **90**, pp.5011〜5015 (1993)

[Hober 2008]　Hober, S. and Uhlen, M. : Human, Protein Atlas and the Use of Microarray Technologies, Current Opinion in Biotechnology, **19**, pp.30〜35 (2008)

[Ito 2001]　Ito, T., Chiba, T., ···, Hattori, M. and Sakaki, Y. : A Comprehensive Two-hybrid Analysis to Explore the Yeast Protein Interactome, PNAS, **98**, 8, pp.4569〜4574 (2001)

[Kussmann 2006]　Kussmann, M., Raymond, F. and Affolter, M. : OMICS-driven Biomaker Discovery In Nutrition and Health, Biotechnology, **124**, pp.758〜787 (2006)

[Lisacek 2006]　Lisacek, F., Cohen-Boulakia, S. and Appel, R. D. : Proteome Informatics II: Bioinformatics for Comparative Proteomics, Proteomics, **6**, pp.5445〜5466 (2006)

[Lopez 2007]　Lopez, M. F., Mikulskis, A., ···, Mckenzie, W. and Fishman, D. : A Novel, High-Throughput Workflow for Discovery and Identification of Serum Carrier Protein-Bound Peptide Biomarker Candidates in Ovarian Cancer Samples, Clinical Chemistry, **53**, 6, pp.1067〜1074 (2007)

[Ong 2006]　Ong, S. E. and Mann, M. : A Practical Recipe for Stable Isotope Labeling by Amino Acids in Cell Culture (SILAC), Nature Protocol, **1**, 6, pp.2650〜2660 (2006)

[Pappin 1993]　Pappin, D. J. C., Hojrup, P. and Bleasby, A. J. : Rapid Identification of Proteins by Peptide-mass Fingerprinting, Current Biology, **3**, 6, pp.327〜332 (1993)

[Pereira-Leal 2004]　Pereira-Leal, J. B., Audit, B., Peregrin-Alvarez, J. M. and Ouzounis, C. A. : An Exponential Core in the Heart of the Yeast Protein Interaction Network, Molecular Biology and Evolution, **22**, 3, pp.421〜425 (2004)

[Perkins 1999]　Perkins, D. N., Pappin, D. J. C., Creasy, D. M. and Cottrell, J. S. : Probability-based Protein Identification by Searching Sequence Database using Mass Spectrometry Data, Electrophoresis, 20, pp.3551〜3567 (1999)

[Petricoin III 2002]　Petricoin, III, E. F., Ardekani, A. M., ···, Kohn, E. C. and Liotta, L. A. : Use of

Proteomic Patterns in Serum to Identify Ovarian Cancer, Mechanisms of Disease, **359**, pp.572〜577 (2002)

[Pieroni 2008] Pieroni, E., Bentem, S. F.,···, Hirt, H and Fuente, A. : Protein Networking: Insights into Global Functional Organization of Proteomes, Proteomics, **8**, pp.799〜816 (2008)

[Plagi 2006] Plagi, P. M., Hernandez, P., Walther, D. and Appel, R. D. : Proteome Informatics I: Bioinformatics Tools for Processing Experimental Data, Proteomics, **6**, pp.5354〜5444 (2006)

[Press 2008] Press, J. Z., Luca, A. D.,···, Gray, J. and Huntsman, D. G. : Ovarian Carcinomas with Epigenetic BRCA1 Loss Have Distinct Molecular Abnormalities, BMC Cancer, **8**, 17 (2008)

[Puig 218] Puig, O., Caspary, F.,···, Wilm, M. and Seraphin, B. : The Tandem Affinity Purification (TAP) Method: A General Procedure of Protein Complex Purification, Methods, **24**, pp.218-229 (2001)

[Span 2006] Span, P. N., Vivianne, C. G., ···, Foekens, J. A., Sweep F. C. G. J. : Do the Survivin (*BIRC5*) Splice Variants Modulate or Add to the Prognostic Value of Total Survivin in Breast Cancer?, Clinical Chemistry, **52**, pp. 1693〜1700 (2006)

[Uhlen 2005] Uhlen, M., Bjorling, E.,···, Hober, S. and Ponten, F. : A Human Protein Atlas for Normal and Cancer Tissues Based on Antibody Proteomics, Molecular & Cellular Proteomics, **4**, pp.1920〜1932 (2005)

(**7 章**)

[Bonarius 1996] Bonarius, H. P. J., Hatzimanikatis, V.,···, Schmid, G. and Tramper, J. : Metabolic Flux Analysis of Hybridoma Cells in Different Culture Media Using Mass Balances, Biotechnology and Bioengineering, **50**, pp.299〜318 (1996)

[Carlson 2007] Carlson, R. P. : Metaboic Systems Cost-Benefit Analysis for Interpreting Network Structure and Regulation, Bioinformatics, **23**, 10, pp.1258〜1264 (2007)

[Clarke 1981] Clarke, B. L. : Complete Set of Steady States for the General Stoichiometeric Dynamical System, Chemical Physics, **75**, 10, pp.4970〜4979 (1981)

[Cloarec 2005] Cloarec, O., Dumas, M. E.,···, Nicholson, J. K. and Holmes, E. : Evaluation of the Orthogonal Projection on Latent Structure Model Limitations Caused by Chemical Shift Variability and Improved Visualization of Biomarker Changes in 1H NMR Spectroscopic Metabonomic Studies, American Chemistry, **77**, 5, pp.1282〜1289 (2005)

[Dunn 2008] Dunn, W. B. : Current Trends and Future Requirements for the Mass Spectrometric Investigation of Microbial, Mammalian and Plant Metabolomes, Physical Biology, **5**, 01 1001 (2008)

[Edwards 2000] Edwards, J. S. and Palsson, B. O. : The Escherichia coli MG1655 in Silico Metabolic Genotype: Its Definition, Characteristics, and Capabilities, PNAS, **97**, 10, pp.5528〜5533 (2000)

[Feist 2008] Feist, A. M. and Palsson, B. O. : The Growing Scope of Applications of Genomic-Scale Metabolic Reconstructions using Escherichia coli, Nature Biotechnology, **26**, 6, pp.659〜667 (2008)

[Fell 1997] Fell, D. : Understanding the Control of Metabolism, Portland Press (1977)

[Fiehn 2001] Fiehn, O. : Combining Genomics, Metabolome Analysis, and Biochemical Modelling to Understand Metabolic Networks, Comparative and Functional Genomics, **2**, pp.155〜168 (2001)

[Fiehn 2002]　Fiehn, O. : Metabolomics-the Link between Genotypes and Phenotypes, Plant Molecular Biology, **48**, pp.155～171（2002）

[Ishii 2007]　Ishii, N., Nakahigashi, K.,···, Mori, H. and Tomita, M. : Multiple High-Throughput Analyses Monitor the Response of E. coli to Perturvations, Science, **316**, pp.593～597（2007）

[Jamshidi 2008]　Jamshidi, N. and Palsson, B. O. : Formulating Genome-Scale Kinetic Models in the Post-Genome Era, Molecular Systems Biology, **4**, 171（2008）

[Lindon 2007]　Lindon, J. C., Holmes, E. and Nicholson, J. K. : Metabonomics in Pharmaceutical R & D, FEBS, **274**, pp.1140～1151（2007）

[Martin 2008]　Martin, F. P. J., Wang, Y.,···, Holmes, E. and Nicholson, J. K. : Probiotic Modulation of Symbiotic Gut Microbial-Host Metabolic Interactions in a Humanized Microbiome Mouse Model, Molecular Systems Biology, **4**, 157（2008）

[Monton 2007]　Monton, N. R. N. and Soga, T. : Metabolome Analysis by Capillary Electrophoresis-Mass Spectrometry, Chromatography A, **1168**, pp.237～246（2007）

[Nicholson 1999]　Nicholson, J. K., Lindon, J. C. and Holmes, E. : Metabonomics: Understanding the Metabolic Responses of Living Systems to Pathophysiological Stimuli via Multi-variate Statistical Analysis of Biological NMR Spectroscopic Data, Xenobiotica, **29**, pp.1181～1189（1999）

[Nicholson 2004]　Nicholson, J. K., Holmes, E., Lindon, J. C. and Wilson, I. D. : The Challenges of Modeling Mammalian Biocomplexity, Nature Biotechnology, **22**, 10, pp.1268～1274（2004）

[Nielsen 2005]　Nielsen, J. and Oliver, S. : The Next Wave in Metabolome Analysis, Trends in Biotechnology, **23**, 11, pp.544～546（2005）

[Oldiges 2007]　Oldiges, M., Lutz, S.,···, Stein, N. and Wiendahl, C. : Metabolomics: Current State and Evolving Methodologies and Tools, Applied Microbiol Biotechnollogy, **76**, ppp.495～511（2007）

[Oliver 1998]　Oliver, S. T., Winson, M. K., Kell, D. B. and Baganz, F. : Systematic Functional Analysis of the Yeast Genome, Trends in Biotechnology, **16**, pp.373～378（1998）

[Palsson 2006]　Palsson, B. O. : Systems Biology Properties of Reconstructed Networks, Cambridge University Press（2006）

[Sakai 2007]　Sakai, S., Tsuchida, Y.,···, Inui, M., Yukawa, H. : Effect of Lignocellulose-Derived Inhibitors on Growth of and Ethanol Production by Growth-Arrested Corynebacterium Glutamicum R, Applied and Envioronmental Microbiology, **73**, 7, pp.2349～2353（2007）

[Sauer 2006]　Sauer, U. : Metabolic Networks in Motion: 13C-based Flux Analysis, Molecular Systems Biology, **2**, 62（2006）

[Schuster 2000]　Schuster, S., Fell, D. A. and Dandeker, T. : A General Definition of Metabolic Pathways Useful for Systematic Organization and Analysis of Complex Metabolic Networks, Nature Biotechnology, **18**, pp.326～332（2000）

[Smith 2006]　Smith, C. A., Want, E. J., ···, Abagyan, R. and Siuzdak, G. : XCMS: Processing Mass Spectrometry Data for Metabolite Profiling Using Nonlinear Peak Alighment, Matching, and Identification, Analytical Chemistry, **78**, 3, pp.779～787（2006）

[Teixeira de Mattos 1997]　Teixeira de Mattos, M. J. and Neijssel, O. M. : Bioenergetic Consequences of Microbial Adaptation to Low-Nutrient Environment, Biotechnology, **59**, pp.117～126（1997）

[Tweeddale 1998] Tweeddale, H., Notley-McRobb, L. and Ferenci, T. : Effect of Slow Growth on Metabolism of Escherichia coli, as Revealed by Global Metabolite Pool ("Metablome") Analysis, Bacteriology, pp.5109〜5116 (1998)

[Vemuri 2006] Vemuri, G. N., Altman, E.,···, Khodursky, A. B. and Eiteman, M. A. : Overflow Metabolism in Esherichia coli during Steady-State Growth Transcriptional Regulation and Effect of the Redox Ration, Applied and Envioronmental Microbiology, **72**, 5, pp.3653〜3661 (2006)

[Villas-Boas 2005] Villas-Boas, S. G., Mas, S.,···, Smedsgaard, J. and Nielsen, J. : Mass Spectrometry in Metabolome Analysis, Mass Spectrometry Reviews, **24**, pp.613〜646 (2005)

[Wishart 2007] Wishart, D. S., Tzur, D.,···, Vogel, H. J. and Querengesser, L. : HMDB: the Human Metabolome Database, NAR, **35**, Database Issue, pp.D521〜D526 (2007)

(**8 章**)

[神崎 2005] 神崎 正英：RDF/OWL 入門, 森北出版 (2005)

[溝口 2005] 溝口 理一郎：オントロジー工学, オーム社 (2005)

[Aranguren 2007] Aranguren, M. E., Bechhofer, S. ···, Sattler, U. and Stevens, R. : Understanding and Using the Meaning of Statements in a Bio-Ontology: Recasting the Gene Ontology in OWL, BMC Bioinformatics, **8**, 57 (2007)

[Bada 2004] Bada, M., Stevens, R.,···, Harris, M. and Lewis, S. : A Short Study on the Success of the Gene Ontology, Web Semantics, **1**, (2004)

[Berners-Lee 2001] Berners-Lee, T., Hendler, J. and Lassila, O. : The Semantic Web, Scientific American, May 17 (2001)

[Bodenreider 2003] Bodenreider, O. and McCray, A. T. : Exploring Semantic Groups through Visual Approaches, Biomedical Informatics, **36**, pp.414〜432 (2003)

[Camon 2004] Camon, E., Magrane, M.,···, Lopez, R. and Apweiler, R. : The Gene Ontology Annotation (GOA) Database: Sharing Knowledge in Uniprot with Gene Ontology, Nucleic Acid Research, **24**, 32, pp.D262〜266 (2004)

[Daraselia 2007] Daraselia, N., Yurev, A.,···, Mazo, I. and Ispolatov, I. : Automatics Extraction of Gene Ontology Annotation and its Correlation with Clusters in Protein Networks, BMC Bioinformatics, **8**, 243 (2007)

[Draghici 2003] Drghici, S., Khatri, P.,···, Ostermeier, G. C. and Krawetz, S. A. : Global Functional Profiling of Gene Expression, Genomics, **81**, pp.98〜104 (2003)

[Dupre 2007] Dupre, J. and O'Malley, M. A. : Metagenomics and Biological Ontology, Studies in History and Philosophy of Biological and Biomedical Science, **38**, pp.834〜846 (2007)

[GOC 2000] Gene Ontology Consortium : Gene Ontology: Tool for the Unification of Biology, Nature Genetics, **25**, pp.25〜29 (2000)

[Golbreich 2007] Golbreich, C., Horridge, M.,···, Motik, B. and Shearer, R. : OBO and OWL: Leveraging Semantic Web Technologies for the Life Sciences, In Proc. of the 3rd OWL Experiences and Directions Workshop (OWLED 2007) (2007) (online)

[Grenon 2004] Grenon, P., Smith, B. and Goldberg, L. : Biodynamic Ontology: Applying BFO in the Biomedical Domain, Ontologies in Medicine, IOS Press, pp.20〜38 (2004)

[Grossmann 2007] Grossmann, S., Bauer, S., Robinson, P.N. and Vingron, M. : Improved Detection of Overrepresentation of Gene-Ontology Annotations with Parent-child Analysis, Bioinformatics, **23**, 22, pp.3024～3031 (2007)

[Hill 2007]　Hill, D. P., Smith, B., McAndrews-Hill, M.S. and Blake, J. A. : Gene Ontology Annotations: What They Mean and Where The Come From, BMC Bioinformatics, **9**, suppl. 5: S2 (2007)

[Mabee 2007]　Mabee, P. M., Arratia, G.,…, Rios, N. and Westerfield, M. : Connecting Evolutionary Morphology to Genomics Using Ontologies: A Case Study From Cypriniformes Including Zebrafish, Experimental Zoology, **308B**, pp.655～668 (2007)

[Madin 2007]　Madin, J. S., Bowers, S., Schildhauer, M. P. and Jones, M. B. : Advancing Ecological Research with Ontologies, Trends in Ecology and Evolution, **23**, 3, pp.159～168 (2007)

[McCall 2003]　MaCall, S. and Lowe, E. J. : 3D/4D Equivalence, the Twins Paradox and Absolute Time, Analysis, **63**, 2, pp. 114～123 (2003)

[McCray 2003]　McCray, A. T. : An Upper-Level Ontology for the Biomedical Domain, Comparative and Functional Genomics, **4**, pp.80～84 (2003)

[Nelson 2000]　Nelson, S. J., Schopen, M., Schulman, J. L. and Arluk, N. : An Interlingual Database of MeSH Translations, 8th International Conference on Medical Librarianship; 2000 Jul 4; London, UK.

[Rhee 2008]　Rhee, S. Y., Wood, V., Dolinski, K. and Draghici, S. : Use and Misuse of the Gene Ontology Annotations, Nature Reviews Genetics, **9**, pp.509～515 (2008)

[Rosse 2003]　Rosse, C., Mejino Jr. J. L. V. : A Reference Ontology for Biomedical Informatics: the Foundation Model of Anatomy, Biomedical Informatics, **36**, pp.47～500 (2003)

[Rosse 2005]　Rosse, C., Kumar, A.,…, Detwiler, L. T. and Smith, B. : A Strategy for Improving and Integrating Biomedical　Ontologies, American Medical Informatics Association 2005 Symposium, Washington DC, pp.639～643 (2005)

[Smith 2003]　Smith, B., Williams, J. and Schulze-Kremer, S. : The Ontology of the Gene Ontology, American Medical Informatics Association 2003 Symposium, pp.609～613 (2003)

[Smith 2004]　Smith, B. : Beyond Concepts: Ontology as Reality Representation, In Proc. of Formal Ontology and Information Systems (FOIS), Turin, (2004)

[Smith 2005]　Smith, B., Ceusters, W.,…, Rector, A. L. and Rosse, C. : Relations in biomedical ontologies, Genome Biology, **6**, R46 (2005)

[Smith 2007]　Smith, B., Ashburner, M.,…, Whetzel, P. L. and Lewis, S. : The OBO Fundry: Coordinated Evolution of Ontologies to Support Biomedical Data Integration, Nature Biotechnology, **25**, 11, pp.1251～1255 (2007)

[Soldatova 2005]　Soldatova, L. N. and King, R. D. : Are the Current Ontologies in Biology Good Ontology?, Nature Biotechnology, **23**, 9, pp.1095～1098 (2005)

[Weng 2007]　Weng, C., Gennari, J. H. and Fridsma, D. B. : User-centered Semantic Harmonization: A Case Study, Biomedical Informatics, **40**, pp.353～364 (2007)

(**9 章**)

[片山 2002]　片山 徹 : 新版フィードバック制御の基礎, 朝倉書店 (2002)

[金子 2003]　金子 邦彦 : 生命とは何か, 東京大学出版会 (2003)

[児玉 2005]　児玉 龍彦，仁科 博道（著）：システム生物医学，羊土社（2005）
[杉山 2007]　杉山 雄一（編）：最新創薬学 2007，メディカルドゥ（2007）
[日本薬学会 2003]　日本薬学会（編），杉山 雄一（代表）：次世代ゲノム創薬，中山書店（2003）
[ポパー 2002]　ポパー，K.（著）；小河原 誠，蔭山 泰之，篠崎 研二（共訳）：実在論と科学の目的（上，下），岩波書店（2002）
[Akutsu 1999]　Akutsu, T., Miyano, S. and Kuhara, S. : Identfication of Genetic Networks from a Small Number of Gene Expression Patterns Under the Boolean Network Model, Pacific Symposium on Biocomputing, **4**, pp.17〜28（1999）
[Alligood 1997]　Alligood, K. T., Sauer, T. D. and Yorke, J. A. : Chaos. An Introduction to Dynamical Systems, Springer-Verlag New York（1997）；津田 一郎（編）：カオス-力学系入門 ①-③，シュプリンガー・ジャパン（2006）
[Andrei 2006]　Andrei, N. : Modern Control Theory, Studies in Informatics and Control, **15**, 1（2006）
[Artzy - Randrup 2004]　Artzy-Randrup, Y., Fleishman, S. J., Ben-Tal, N. and Stone, L. : Comment on "Network Motifs: Simple Building Blocks of Complex Networks" and "Superfamilies of Evolved and Designed Networks", Science, **305**, p.1107c（2004）
[Azuma 2007]　Azuma, R., Umetsu, R.,…, Konagaya, A. and Matsumura, K. : Discovering dynamic characteristics of biochemical pathways using geometric patterns among parameter-parameter dependencies in differential equations. New Generation Computing , **25**, 4, pp.425〜441（2007）
[Banga 2008]　Banga, J. R. : Optimization in Computational Systems Biology, BMC Systems Biology, **2**, 47（2008）
[Basso 2005]　Basso, K., Margolin, A. A., …, Dalla-Favera, R. and Clifano, A. : Reverse Engineering of Regulatory Networks in Human B Cells, Nature Genetics, **37**, 4, pp.382〜389（2005）
[Cannon 1932]　Cannon, W. B. : The Wisdom of the Body, Norton & Company（1963）
[Coveney 2005]　Coveney, P. V. and Fowler, P. W. : Modelling Biological Complexity: a Physical Scientist's Perspective, The Royal Society Interface, **2**, pp.267〜280（2005）
[Daniels 2008]　Daniels, B. C., Chen, Y. J.,…, Gutenkunst, R. N. and Myers, C. R. : Sloppiness, Robustness, and Evolvability in System Biology, Current Opinion in Biotechnology, **19**, pp.389〜395（2008）
[Galperin 2005]　Galperin, M. Y. : A Census of Membrane-bound and Intracellular Signal Transduction Proteins in Bacteria: Bacterial IQ, Extroverts and Introverts, BMC Microbiology, **5**, 35（2005）
[Gavaghan 2006]　Gavaghan, D., Garny, A., Maini. P. K. and Kohl, P. : Mathematical Models in Physiology, Philosophical Transactions of the Royal Society, **364**, pp.1099〜1106（2006）
[Gorke 2008]　Gorke, B. and Stulke, J. : Carbon Catabolite Repression in Bacteria: Many Ways to Make the Most Out of Nutrients, Nature Review, **6**, 8, pp.613〜624（2008）
[Hatakeyama 2003]　Hatakeyama, M., Kimura, S.,…, Yokoyama, S. and Konagaya, A. : A computational model on the modulation of MAPK and Akt pathways in heregulin induced ErbB signaling, Biochemical Journal, **373**, pp.451〜463（2003）
[Hunter 2004]　Hunter, P. J. : The IUPS Physiome Project: a Framework for Computational Physiology, Biophysics & Molecular Biology, **85**, pp.551〜569（2004）
[Hunter 2005]　Hunter, P. J. and Nielsen, P. : A Strategy for Integrative Computational Physiology,

Physiology, **20**, pp.316〜325 (2005)

[Husmeier 2007] Husmeier, D. and Wehrli, A. V. : Bayesian Integration of Biological Prior Knowledge into the Reconstruction of Gene Regulatory Networks with Bayesian Networks, Computational Systems Bioinformatics Conference, **6**, pp.85〜95 (2007)

[Imoto 2002] Imoto, S., Goto, T. and Miyano, S. : Estimation of genetic networks and functional structures between genes by using Bayesian networks and nonparametric regression, Pacific Symposium on Biocomputing, **7**, pp.175〜186 (2002)

[Inada 1996] Inada, T., Kimata, K. and Aiba, H. : Mechanism Responsible for Glucose-Lactose Diauxie in Escherichia coli: Challenge to the cAMP Model, Genes to Cells, **1**, pp.293〜301 (1996)

[Ingram 2006] Ingram, P. J., Stumpf, M. P. H. and Stark, J. : Network Motifs: Structure Does not Determin Function, BMC Genomics, **7**, 108 (2006)

[Keener 1998] Keener, J. and Sneyd, J. : Mathematical Physiology, Springer-Verlag New York (1998)； 中垣 俊之（訳）：数理生物学（上, 下），日本評論社 (2005)

[Kim 2003] Kim, S. Y., Imoto, S. and Miyano, S. : Inferring Gene Networks from Time Series Microarray Data using Dynamic Bayesian Networks, Bioinformatics, **4**, 3, pp.228〜235 (2003)

[Kimura 2005] Kimura, S., Ide, K., …, Kuramitsu, S. and Konagaya, A. : Inference of S-system Models of Genetic Networks using a Cooperative Coevolutionary Algorithm, Bioinformatics, **21**, 7, pp.1154〜1163 (2005)

[Kitano 2002] Kitano, H. : Systems Biology: A Brief Overview, Science, **295**, pp.1662〜1664 (2002)

[Liang 1998] Liang, S., Fuhrman, S. and Somogyi, R. : REVEAL, A General Reverse Engineering Algorithm for Inference of Genetic Network Architectures, Paciffic Symposium on Biocomputing, **3**, pp.18〜29 (1998)

[Milo 2002] Milo, R., Shen-Orr, S.,…, Chklovskii, D. and Alon, U. : Network Motifs: Simple Building Blocks of Complex Networks, Science, **298**, pp.824〜827 (2002)

[Mitchell 1998] Mitchell, M. : Computation in Cellular Automata: A Selected Review, in Gramss, T., Bornholdt, S., Gross, M., Mitchell, M. and Pellizzari, T. : Nonstandard Computation, pp.95〜140, Weinheim, VCH Verlagsgesellschaft. (1998)

[Mogilner 2006] Mogilner, A., Wollman, R. and Marshall, W. F. : Quantitative Modeling in Cell Biology: What is it Good for?, Development Cell, **11**, pp.279〜287 (2006)

[Nakatui 2008] Nakatsui, M., Ueda, T., …, Ono, I. and Okamoto, M. : Method for Inferring and Extracting Reliable Genetic Interactions from Time-series Profile of Gene Expression, Mathematical Biosciences, **215**, pp.105〜114 (2008)

[Nemann 1966] von Neumann, J. : Theory of Self-reproducing Automata, edited and completed by Burks, A., University of Illinois Press, Champaign, IL (1966)

[Nickerson 2006] Nickerson, D., Stevens, C.,…, Hunter, P. and Nielsen, P. : Toward a Curated CellML Model Repository, Engineering in Medicine and Biology Society (EMBS' 06), pp.4237〜4240 (2006)

[Noble 2002] Noble, D. : Modeling the Heart? from Genes to Cells to the Whole Organ, Science, **295**, pp.1678〜1682 (2002)

[Noble 2007] Noble, D. : From the Hodgkin-Huxley Axom to the Virtual Heart, J . Physiology, **580**, 1, pp.15〜22 (2007)

[Palsson 2006]　Palsson, B. O. : Systems Biology, Cambridge University Press（2006）

[Shen-Orr 2002]　Shen-Orr, S. S., Milo, R., Mangan, S. and Alon, U. : Network Motifs in the Transcriptoinal Regulation Network of Escherichia Coli, Nature Genetics, **31**, pp.64～68（2002）

[Steinberg 2006]　Steinberg, B. E., Glass, L., Shrier, A. and Bub, G. : The Role of Heterogeneities and Intercellular Coupling in Wave Propagation in Cardiac Tissue, Philosophical Transactions of The Royal Society, **364**, pp.1299～1311（2006）

[Strange 2005]　Strange, K. : The End of "Native Reductionism" : Rise of Systems Biology or Renaissance of Physiology?, AJP Cell Physiology, **288**, pp.c968～c974（2005）

[von Bertalanffy 1968]　von Bertalanffy, L. : General System Theory, George Braziller, New York（1968）

[Wagner 2005]　Wagner, A. : Robustness and Evolvability in Living Systems, Princeton University Press（2005）

[Wagner 2008]　Wagner, A. : Robustness and Evolvability: a Paradox Resolved, Proc. of The Royal Society B, **275**, pp.91～100（2008）

[Wiener 1948]　Wiener, N. : Cybernetics, or the Control and Communication in the Animal and the Machine, The MIT Press（1948）; 2 edition（1965）

（**10 章**）

[小長谷 2007]　小長谷 明彦，有熊 威，…，梅津 亮，小西 史一：オントロジーとシミュレーションを用いたハイブリッド型薬物間相互作用予測システムの設計思想，シミュレーション，**26**, 4, pp.31～41（2007）

[杉山 2003]　杉山 雄一，山下 伸二，加藤 基浩：ファーマコキネティクス，南山堂（2003）

[Ando 2000]　Ando, Y., Saka, H.,…, Shimokata, K. and Hasegawa, Y. : Polymorphisms of UDP-Glucuronosyltaransferase Gene and Irinotecan Toxicity: A Pharmacogenetic Analysis, Cancer Research, **60**, pp.6921～6926（2000）

[Arikuma 2008]　Arikuma, T., Yoshikawa, S., …, Matsumura, K. and Konagaya, A. : Drug interaction prediction using ontology-driven hypothetical assertion framework for pathway generation followed by numerical simulation, BMC Bioinformatics, **9**, suppl.6, S11（2008）

[Giacomini 2008]　Giacomini, K. M., Krauss, R. M., …, Hayden, M. R. and Nakamura, Y. : When Good Drugs Go Bad, Nature, **446**, pp.975～977（2008）

[Hsiang 1989]　Hsiang, Y. H., Libhou, M. G. and Liu, L. F. : Arrest of Replication Forks by Drug-stabilized Topoisomerase I-DNA Cleavable Complexes as a Mechanism of Cell Killing by Camptothecin, Cancer Research, **49**, pp.5077～5082（1989）

[Huang 2003]　Huang, X., Traganos, F. and Darzynkiewicz, Z. : DNA Damage Induced by DNA Topoisomerase I-and Topoisomerase II-Inhibitors Detected by Histone H2AXphosphorylation in Relation to the Cell Cycle Phase and Apoptosis, Cell Cycle, **2**, 6, pp.614～619（2003）

[Jeong 2007]　Jeong, E., Nagasaki, M. and Miyano, S. : Conversion from BioPAX to CSO for System Dynamics and Visualization of Biological Pathway, Genome Informatics, **18**, pp.225～236（2007）

[Kehrer 2002]　Kehrer, D. F. S., Mathijssen, R. H. J., …, de Bruijn, P. and Sparreboom, A. : Modulation of Irinotecan Metabolism by Ketoconazole, Clinical Oncololy, **20**, 14, pp.3122～3129（2002）

[Luciano 2007]　Luciano, J. S. and Stevens, R. D. : e-Science and Biological Pathway Semantics,

BMC Bioinformatics, **8**, suppl. 3, S3 (2007)

[Mathijssen 2001]　Mathijissen, R. H. J., van Alphen, R. J.,…, Stoter, G. and Sparreboom, A. : Clinical Pharmacokinetics and Metabolism of Irinotecan (CPT-11) , Clinical Cancer Research, **7**, pp.2182〜2194 (2001)

[Mizuma 2008]　Mizuma, T. : Pharmacokinetic Strategy for Designing Orally Effective Prodrugs Overcoming Biological Membrane Barriers: Proposal of Kinetic Classification and Criteria for Membrane-Permeable Prodrug-Likeness, Chem-Bio Informatics Journal, **8**, 2, pp.25〜32 (2008)

[Okuda 1998]　Okuda, H., Ogura, K., …, Takubo, H. and Watabe, T. : A Possible Mechanism of Eighteen Patient Deaths Caused by Interactions of Soribudine, a New Antiviral Drug, with Oral 5-Fluorouracil Prodrug, Pharmacology and Experimental Therapeutics, **287**, 2, pp.791〜799 (1998)

[Pizzolato 2003]　Pizzolato, J. F. and Saltz, L. B. : The Camptothecins, Lancet, **361**, pp.2235〜2242 (2003)

[Ratin 2007]　Ratain, M. J. : Personalized Medicine: Building the GPS to Take Us There, Clinical Pharmacology & Therapeutics, **81**, 3, pp.321〜322 (2007)

[Rio 2007]　Rio, M. D., Molina. F.,…, Martineau, P. and Ychou, M. : Gene Expression Signature in Advanced Colorectal Cancer Patients Select Drugs and Response for the Use of Leucovorin, Fluorouracil, and Irinotecan, Clinical Oncology, **25**, 7, pp.773〜780 (2007)

[Saag 1988]　Saag, M. S. and Dismukes, W. E. : Azole Antifungal Agents: Emphasis on New Triazoles, Antimicrobial Agents and Chmotherapy, **32**, 1, pp.1〜8 (1988)

[Schafer-Korting 1991]　Schafer-Korting, M., Korting, H. C., …, Peuser, R. and Lukacs, A. : Infulence of Albumin on Itraconazole and Ketoconazole Antifungal Activity: Results of a Dynamic In Vitro Study, Antimicrobial Agent and Chemotherapy, **35**, 10, pp.2053〜2056 (1991)

[Slatter 2000]　Slatter, J. G., Schaaf, L. J.,…, Pesheck, C. V. and Lord III, R. S. : Pharmacokinetics, Metabolism, and Exretion of Irinotecan (CPT-11) Following I.V. Infusion of [14C] CPT-11 in Cancer Patients, Pharmacology and Experimental Therapeutics, **28**, 4, pp.423〜433 (2000)

[Stromback 2005]　Stromback, L. and Lambrix, P. : Representations of Molecular Pathways: An Evaluation of SBML, PSI MI and BioPAX, Bioinformatics, **21**, 24, pp.4401〜4407 (2005)

[Trynda-Lemiesz 2003]　Trynda-Lemiesz, L. and Luczkowski, M. : Impact of Potential Blockers on Ru (III) Complex Binding to Human Serum Albumin, Bioinorganic Chemistry and Applications, **1**, 2, pp.141〜150 (2003)

[Tukey 2002]　Tukey, R. H., Strassburg, C. P. and Mackenzie, P. I. : Pharmacogenomics of Human UDP-Glucuronosyltransferases and Irinotecan Toxicity, Molecular Pharmacology, **62**, 3, pp.446〜450 (2002)

[Willmann 2007]　Willmann, S., Hohn, K.,…, Lippert, J. and Schmitt, W. : Development of a Physiology-based Whole-body Population Model for Assesing the Influence of Individual Variability on the Pharmacokinetics of Drugs, Pharmacokinetics and Pharmacodynamics, **34**, 3, pp.401〜431 (2007)

用 語 解 説

【A】

A（adenine）：アデニン；チミン（T）と対をなす核酸塩基

A（ala, alanine）：アラニン；アミノ酸の一種，$C_3H_7NO_2$，等電点 6.00

AAR（antigen-antibody complex reaction）：抗原抗体反応；抗体が特異的に認識する抗原に結合する反応

acetaldehyde（CH_3CHO）：アセトアルデヒド；アルコールの代謝物で，二日酔いの原因

acetate：酢酸塩；$C_2H_3O_2$

ADH（alcohol dehydrogenase）：アルコール分解酵素；アルコールを脱水素してアセトアルデヒドを生成する酵素

albumin：アルブミン；卵白，血液，リンパ液などに多数存在する水溶性タンパク質の総称

ALDH2（aldehyde dehydrogenase 2）：アセトアルデヒド分解酵素；アセトアルデヒドを脱水素して酢酸を生成する酵素

allele：アレル（対立遺伝子）；同一の遺伝子領域に出現する排他的な DNA 配列の組

alternative splicing：選択的スプライシング；エクソンの組合せを変えることにより同一の遺伝子領域から異なる mRNA を転写する機能

amino group：アミノ基；$R-NH_2$ の構造を持つ塩基性の官能基

anabolism：同化作用；栄養素からタンパク質，脂肪，炭水化物を生産する代謝反応

annotation：アノテーション；データに注釈を与えること

antiapoptotic function：抗アポトーシス機能；細胞死を起こす作用を抑制する機能

antibody：抗体；リンパ球である B 細胞が産出する糖タンパク質．免疫グロブリン（immunoglobulin）と呼ばれ，抗原（antigen）に結合する．

antigen：抗原；抗体を生成する物質；免疫反応を引き起こす．

antigen presentation：抗原提示；マクロファージ及び樹状細胞が抗原を T 細胞に伝えるために MHC が結合したエピトープを細胞表面に提示すること

AP（action poteintial）：イオンチャネルの開閉（脱分極）により発生する細胞の興奮を示す電位変化

APC：7-ethyl-10-[4-N-(5-aminopentanoic acid)-1-piperidino] carbonyloxycamptothecin

apoptosis：アポトーシス；プログラムされた細胞死

Arc（aerobic respiration control）**Agene**：ArcA 遺伝子；酸素濃度の低下に応答して，好気的代謝から嫌気的代謝への移行を制御する遺伝子

array CGH（array comparative genomic hybridization）：**アレイ CGH 法**；染色体でなく，既知の DNA 配列を並べた DNA チップに対して CGH を適用する方法

asthma in childhood：**小児喘息**；アレルギーなどによる呼吸困難を繰り返す小児病の総称．IgE 抗体を作るアトピー型と作らない非アトピー型がある．

ATP（adenosine triphosphate）：アデノシン3りん酸

AUC（area under the blood concentration time curve）：**血中濃度曲線下面積**；薬効を定量化するための基準の一つ

average geodesic length：**平均距離**；ノード間の最短エッジ数の期待値

【B】

background noise：**バックグランドノイズ**；DNA アレイなどでプローブのシグナルに付加されるノイズ．スキャナの反射光や実験によるしみ（stain）がその原因となる．

Baconian：**ベーコン主義**；ベーコン（Bacon, F.）の自然観察と帰納法に基づく科学方法論

B cell：**B 細胞**；骨髄由来のリンパ球，細胞表面に免疫グロブリン（Ig）受容体を発現している．

bifidobacteria：**ビフィズス菌**；乳酸と酢酸を生産する乳酸菌の一般名

bifurcation theory：**分岐理論**；パラメータの小さい連続的な変化が突然的に系の質的な変化をもたらす力学系に関する理論

biotics：**生体分子**；生体を構成する分子

blood plasma：**血漿**；血液から細胞成分を除いた液体成分．血液凝固因子を含む．

blood serum：**血清**；血液が凝固したあとの液体成分．血液凝固因子を含まない．

Bonferroni correction：**ボンフェローニ補正**；多重検定問題において，全体の有意水準を個々の検定の有意水準を検定回数で割った値以下とする補正法．最も保守的な有意水準となる．

brown adipocyte：**褐色脂肪細胞**；UCP を多く含む脂肪細胞で熱を発生する．

β3AR（β3 adrenergic receptor）：**β3 アドレナリン受容体**；脂肪細胞に発現し，運動時に分泌されるアドレナリンを受容して脂肪分解活性を示す膜タンパク質

β cell：**ペルオキシソーム**；膵臓のランゲルハンス島においてインスリンを分泌する細胞インスリンと逆の血糖値をあげる働きをするグルカゴン（glucagons）は a 細胞から分泌される．

β oxidation：**β酸化**；脂肪酸のβ部位を酸化して，アシル CoA からアセチル CoA を取り出して脂肪酸の炭素を2個ずつ減らす反応

【C】

C（Cys, cysteine）：**システイン**；アミノ酸の一種，$C_3H_7NO_2S$，等電点 5.05

C（cytosine）：**シトシン**；グアニン（G）と対をなす核酸塩基

C_{max}（maximum drug concentration）：**最高血中濃度**

caBIG（cancer biomedical informatics grid）：がん研究の情報を共有するためのグリッド

CAG repeat：**CAG リピート**；シトシン，アデニン，グアニンの3塩基の繰返し

candidate gene approach：候補遺伝子アプローチ；疾患に関連があると推測されているパスウェイ上の遺伝子の変異と疾患との関係を調べる方法

carboxyl group：カルボキシル基；R-COOH の構造を持つ酸性の官能基

cardiac atrium：心房；心臓の上の部分，左心房（静脈），右心房（動脈）がある．

cardiac muscle cell：心筋細胞；心臓を構成する単核細胞

cardiac ventricles：心室；心臓の下の部分，左心室（静脈），右心室（動脈）がある．

case-control study：ケース - コントロール調査；同一の背景を持つ集団において，疾患に罹患している群（ケース群）と罹患していない群（コントロール群）に分け，疾患の因子を過去にさかのぼって調べる疫学的調査方法．各群内で因子を持つ割合の比（オッズ比）のみが意味を持つ．

catabolism：異化作用；高分子を分解してエネルギーを得る代謝反応

cDNA（complementary DNA）：相補的 DNA；mRNA を逆転写して構成した DNA．イントロンなどは含まれない．

CE（capillary electrophoresis）：キャピラリー電気泳動法；毛細管（キャピラリー）を用いてゲルを使わずに溶液状態で電気泳動を行う方法

CE（carboxylesterase）：カルボン酸エステル加水分解酵素

cell cycle：細胞周期；細胞が G1 期，S（DNA 合成）期，G2 期，M（有糸分裂）期を繰り返して増殖すること．G1 期，G2 期では DNA 損傷の有無や複製完了などの検査が行われる．

CELLML（cell mark up language）：生理学モデルを記述するための XML 記法

CGH（comparative genomic hybridization）：比較ゲノムハイブリダイゼーション；野生型と突然変異型のゲノムの差異を検出する方法の一つ

chemostat：ケモスタット；定常状態を作り出すことができる微生物培養装置

cholesterol：コレステロール；分子式 $C_{27}H_{46}O$ のステロイド．大半は肝臓で合成され，細胞膜の構成物の一種となる．いわゆる，血中に存在する善玉／悪玉コレステロールはコレステロールとリポタンパクの複合体であり，善玉と悪玉の違いはリポタンパクの違いにあり，コレステロール自体に差はない．

Clb（drug body clearance）：全身クリアランス；身体から除去される薬物の速度

Clh（hepatic clearance）：肝クリアランス；肝臓から除去される薬物の速度

clique：クリーク；すべての頂点が結合されている完全グラフ

Clr（renal clearance）：腎クリアランス；腎臓から除去される薬物の速度

cluster coefficient distribution：クラスタ性；各ノードにおいて相互接続されている周辺ノードの割合を計算し，ノード次数ごとに平均化したときの分布

clustering：クラスタリング；DNA アレイの情報を意味のあるグループに分ける技法

cMOAT（canalicular multispecific organic anion transporter）：薬物トランスポータ

CNA（complex network analysis）：複雑ネットワーク解析；統計的手法及び可視化によりネットワークの特性を調べる技術

CNV（copy number variation）：コピー数変異；遺伝子の数が変化するような大きな DNA 領域の変異

codon：コドン；アミノ酸に翻訳される3塩基の並び，コドンは64種類あり，これが20種類のアミノ酸と翻訳停止を示す停止コドンに対応する．翻訳開始を表す開始コドンはメチオニンと同じAUG が使われる．

codon adaptation index：コドン適合指数；コドンと遺伝子発現との相関を表す指数

cohort study：コホート調査；ある地域や組織に属する集団を数年以上の長期にわたって追跡調査をすることで因子の有無と疾病の発生との関係を調べる疫学的調査方法．その因子の有無により疾病に罹患するリスクが何倍になるかという相対危険度がわかる．

cometabolism：共代謝；微生物が通常の代謝の副作用として起こす代謝

common disease：ありふれた病気

conjugation：包合；薬物代謝において親水性分子（硫酸，グルクロン酸，グルタチオンなど）が付加される反応

contingency table：分割表；集団を2×2または2×3のようなカテゴリーに分割し，人数のばらつき具合を統計的に検定することで偶然的事象かどうかを判定する統計技法

continuant：持続体（哲学用語）；物質など時間がたっても変わらないもの

corynebacterium：コリネ菌；発酵微生物の一種，細胞増殖しないで物質生産が可能なことから工業応用に注目されている．

cost benefit analysis：費用効果分析；効果だけでなく費用とのバランスを考慮する分析

coverage：被覆率；シークエンシングしたDNA配列が平均的にゲノムの何倍に相当するかの率，高いほど配列の精度は信用できるようになる．

CPT（camptothecin）：複素環構造を持つアルカロイド系の細胞毒性化合物

CPT-11：7-ethyl-10 [4-(1-piperidino)-1-piperidino] carbonyloxycamptothecin

CRA（cis-regulatory association）：シス因子制御相関；遺伝子発現と相関のあるeQTLが同一の染色体にある場合，すなわち，シス因子となるeQTLとの相関

cSNP（coding SNP）：遺伝子コーディング領域に生じたアミノ酸置換を伴うSNP

C-terminus：C末端；タンパク質のカルボキシル基末端がある側，アミノ酸配列の後尾側

CVG（craig venter genome）：http://jcvi.org/research/huref/ （2009年3月現在）

CYP（cytochrome p450）：水酸化酵素ファミリの総称

CYP3A4（cytochrome p450 3A4）：おもに肝臓で発現している薬物代謝酵素

cytochrome c：シトクロムc；鉄分子を含みミトコンドリアの内膜で電子を受け渡すタンパク質

【D】

D（Asp, aspartic acid）：アスパラギン酸；アミノ酸の一種，$C_4H_7NO_4$，等電点 2.77

dalton：ドルトン；原子質量単位（AMU）の古い呼称．^{12}C 原子一つの質量が12ドルトン，$1.660\,54 \times 10^{-24}$ g となる．

date hub：デートハブ；異なる条件下で個別にタンパク質と相互作用するタンパク質

deconjugation：脱包合；腸内細菌などにより薬物に結合した親水性分子（硫酸，グルクロン酸，グ

ルタチオンなど) が分解される反応

deletion：欠損；DNA 断片が欠損することで生じる変異

diabetes：糖尿病；血糖値を降下させるインスリン作用及びインスリン分泌の低下を特徴とする疾病

diauxie：2 段階増殖；バクテリアが 2 種類の糖を混合した培地で成長曲線が 2 段になること

disorder region：disorder 領域；タンパク質結晶中で特定の構造を採らない領域

DNA（deoxyribonucleic acid）：**デオキシリボ核酸**；遺伝子を格納し二重螺旋を形成

DNA marker：DNA マーカ；DNA ハイブリダイゼーションや PCR などの実験で目印として使えるユニークに識別可能な DNA 配列

DNA methylation：DNA メチル化；DNA への後天的な修飾による遺伝子発現制御の一種．プロモータ近傍に多いシトシンとグアニンが隣り合った CpG サイトにおいて DNA メチルトランスフェラーゼによりシトシンの水素原子がメチル基に置換された 5-メチルシトシンとなり，遺伝子発現が抑制される．

DNA sequencer：DNA シークエンサー；DNA 配列の自動読取り装置

DNA sequencing：DNA シークエンシング；DNA の配列情報を塩基単位で読み取ること

DOE（Department of Energy）：**米国エネルギー省**；NIH とともに国際ヒトゲノム計画を推進した．

dominant homozygosity：**優性ホモ接合型**；優性－優性というアレル型がそろった遺伝子型

DPD（dihydropyrimidine dehydrogenase）：5FU を分解する脱水素酵素

dscam gene（drosophila melanogaster down syndrome cell adhesion molecule gene）：**dscam 遺伝子**；ダウン症患者において大量に発現していることから名づけられている遺伝子．多数のエクソンを持ち，最大 38 000 通り以上の組合せがあるといわれている．神経細胞の接着に関与しており，網膜形成にも重要な働きをしている．

【E】

E（Glu, glutamic acid）：**グルタミン酸**；アミノ酸の一種，$C_5H_9NO_4$，等電点 3.22

edge distribution：**ノード次数分布**；エッジ数ごとに，そのエッジ数を持つノードの数を全ノード数で割ったときの割合に関する分布

electrophoresis：**電気泳動**；DNA 断片やタンパク質断片の集まりに電界をかけて移動速度の違いを用いて断片を分離する技術

Embden-Meyerhof-Parnas：**エムデン・マイヤーホフ・パルナス経路**；グルコースからピルビン酸を生成する通常の解糖系

Entner-Doudoroff pathway：**エントナー・ドウドロフ経路**；グルコース 6-りん酸から 2-デヒドロ-3-デオキシ-6-ホスホグルコン酸経由でピルビン酸を生成する経路

epigenetics：**エピジェネティクス（後生遺伝学）**；塩基配列の変異によらない後天的な DNA 及び染色体の変化を意味する．

epitope：**エピトープ；抗原決定基**；抗体，T 細胞，B 細胞により認識される生体分子の部分配列

eQTL（expression QTL）：遺伝子発現量的形質遺伝子座，発現 QTL；遺伝子発現を量的形質とみなしてゲノム変異との相関を調べる技法

essential gene：必須遺伝子；細胞増殖に必要不可欠な遺伝子

exon：エクソン；遺伝子領域でタンパク質の情報を符号化している領域．タンパク質に翻訳されるコドンの情報を格納している領域

exponential network：強連結ネットワーク；均一で各ノードがほぼ同数のエッジ数を持つネットワーク

extreme pathway：extereme パスウェイ；化学量論的行列の定常状態を表す凸点型制約条件の各頂点に対応するパスウェイ

【F】

FAAH（fatty acid amide hydrolase）**gene**：FAAH 遺伝子；脳神経細胞における脂質シグナルを遮断する遺伝子

family study：家族調査；親子，兄弟など家族関係にある遺伝子情報を用いて解析する疫学的調査方法．家族関係を利用して解析精度を上げたり，集団内の構造の影響をある程度回避できるという特徴を持つ．

fatty acid：脂肪酸；C_nH_mCOOH の分子構造を持つ長鎖炭化水素のカルボン酸．炭素数が 12 以上を長鎖脂肪酸，炭素鎖として二重結合および三重結合を持たないものを飽和脂肪酸，持つものを不飽和脂肪酸と呼ぶ．

f_b（blood unbound fraction）：血中遊離型分率；薬物の血中濃度のうち血中タンパク質に結合していない割合

FDA（food and drug administration）：米国食品医薬品局

fibrate：フィブラート；両親媒性のカルボン酸の一種．クロフィビラート，クリノフィブラート，ベザフィブラート，フェノフィブラートなどが高脂血症薬として販売されている．同じ高脂血症薬であるスタチン系製剤（statin）との併用は禁忌

filterling：フィルタリング；ノイズや信頼性のないシグナルを除去する技法

fluorescence dye：蛍光色素；励起光をあてると蛍光を効率よく発光する化学物質

flux：フラックス；代謝産物の流れ

flux control coefficient：フラックス制御係数；酵素量を変化させたときにフラックス流量がどう増減するかの割合．酵素量とフラックス流量の微分係数として定義される．

FMA（foundation model of anatomy）：解剖学のオントロジー

FN（false negative）：偽陰性；本当は陽性のものが陰性として判定されたもの

FOLFIRI（infusional 5-FU/l-LV + irinotecan）：5FU/ロイコボリン/イリノテカンの混合療法

FP（false positive）：偽陽性；本当は陰性のものが陽性として判定されたもの

FT-ICR MS（Fourier transform Ion cyclotron resonance mass spectrometry）：フーリエ変換イオンサイクロトロン型質量分析計

functional element：機能エレメント；DNA 上で何かしらの機能を有している領域

futile cycling：（エネルギーを消費するだけの）むだな循環経路

【G】

G（guanine）：グアニン；シトシンと対をなす DNA の要素となるプリン塩基

GA（genetic algorithm）：遺伝的アルゴリズム；生物進化をヒントとして生まれた最適化アルゴリズム．連続でない関数，多峰性関数においても最適化できるという利点がある．

gain：増幅；DNA 上の特定の領域が複製される変異

galactose（$C_6H_{12}O_6$）：ガラクトース；単糖，グルコースほど甘くない．

GC（gas chromatography）：ガスクロマトグラフィー；気化しやすい化合物の同定法

gene expression：遺伝子発現；元々は遺伝子からタンパク質が発現することを意味していたが，トランスクリプトーム解析の進展により転写産物の発現の意味で用いられることが多くなっている．cf タンパク質発現

gene expression regulation：遺伝子発現制御；遺伝子発現を活性化および抑制化すること

gene knockdown：遺伝子ノックダウン；特定の遺伝子の機能を siRNA などを用いて抑制した細胞または個体を作成すること

gene knockout：遺伝子ノックアウト；特定の遺伝子を破壊した細胞または個体を作成すること．特定の遺伝子を破壊した生物を作る技術．ゲノム上の特定の遺伝子を破壊する技術

gene region：遺伝子領域；DNA 上で遺伝子情報が格納されている領域

genetic drift：遺伝的浮動；偶然の選択により集団内の遺伝子プールの多様性に偏りが生じること

genome：ゲノム；細胞を構成する遺伝子の一そろい．ヒトの場合 23 本の染色体からなる．

genome shotgun method：ゲノムショットガン法；DNA をランダムに切断してシークエンシングを行い，コンピュータで断片配列情報からゲノム配列を再構築する技術

genomic imprinting：ゲノムインプリンティング（遺伝的刷り込み）；父親由来または母親由来の染色体の遺伝子を特異的に発現させるために遺伝子をメチル化しておくこと

genotype：遺伝子型；アレル（対立遺伝子）の組合せで作られる型

giant axon：巨大軸索；イカなどにある直径 0.5〜1.0mm ほどの巨大神経細胞

gluconeogenesis：糖新生；ピルビン酸，乳酸，糖原生アミノ酸からグルコースを生成する経路

glucose（$C_6H_{12}O_6$）：グルコース（ブドウ糖）；単糖，血中の糖の大半を占める

glutamic acid（$C_5H_9NO_4$, Glu, E）：グルタミン酸；アミノ酸の一種

glycolytic system：解糖系；糖を取り込んでエネルギー（ATP）を産出する代謝経路

Glucuronic acid：グルクロン酸；グルコースの骨格構造とカルボキシ基を持つ糖．$C_6H_{10}O_7$

GO（gene ontology）：遺伝子オントロジー；遺伝子産物アノテーションのためのオントロジー

gSNP（genomics SNP）：遺伝子領域間に生じた SNP

【H】

H（His, histidine）：ヒスチジン；アミノ酸の一種，$C_6H_9N_3O_2$，等電点 7.59

haplotype（haploid genotype）：ハプロタイプ；同一染色体上で遺伝的に連鎖している SNP などの変異の組合せ．連鎖非平衡状態にある SNP の系列

HapMap（haplotype map project）：国際 HapMap 計画；ヒトの SNP やハプロタイプのデータベースを構築する国際プロジェクト

Hardy-Weinberg equilibrium：ハーディ・ワインバーグ平衡；自由婚が成り立つ集団においては，アレル頻度と遺伝子型の頻度との関係において，freq(A)=p, freq(a)=q, $p+q=1$ のとき，freq(AA)=p^2, freq(Aa)=$2pq$, freq(aa)=q^2 が成り立つという法則

HD（huntington's disease）：ハンチントン病；遺伝的な神経疾患で細胞の変異脱落により進行性の不随運動を伴う病気．舞踏病ともいわれていた．

HD gene（Huntingtin gene）：ハンチントン遺伝子；ヒト 4 番染色体に存在する．

HDL-C（high density lipoprotein cholesterol）：高密度リポタンパクコレステロール；組織から肝臓にコレステロールを運ぶ高密度のリポタンパク（脂質とタンパク質の複合体）．善玉コレステロールとも呼ばれている．HDL-C の血中濃度が増えると心臓病のリスクが減る．

hemophilia：血友病；X 染色体に原因遺伝子がある先天性血液凝固障害

heritability：遺伝率；表現系の変異において遺伝的変異が貢献する割合

heterochromatin：ヘテロクロマチン；ヒストンが密に詰まった染色体．遺伝子発現が抑制されている．

heterozygosity：ヘテロ接合型（異型接合性）；優性‐劣性という異なるアレル型がそろった遺伝子型

heterozygous：ヘテロ接合性；2 倍体の生物で対立遺伝子が異なる型の状態

histon：ヒストン；DNA と結合してヌクレオソーム（nucleosome）構造を構成するタンパク質．進化速度が非常に遅いことでも知られている．

histon acetylation：ヒストンアセチル化；染色体への後天的な修飾による遺伝子発現制御の一種．ヒストンがアセチル化されると遺伝子発現が活性化し，脱アセチル化すると抑制される．

HL7 RIM（health level seven reference information model）：保健医療情報交換のための標準規格

homozygosity：ホモ接合型（同型接合性）；優性‐優性または劣性‐劣性という同じアレル型がそろった遺伝子型

homozygous：ホモ接合性；2 倍体の生物で対立遺伝子が同じ型の状態

hotspot：ホットスポット；減数分裂の際に遺伝的組換えが特に起こりやすい領域

HSFN（hierarchical scale free network）：階層的スケールフリーネットワーク；サブグラフの次数の分布がスケールフリーとなるような複雑ネットワーク

hub：ハブ；複雑ネットワークにおいて多数のエッジを持つノード．date hub, party hub などがある．

Human Genome Build 36：米国国立衛生研究所（NIH）が公開しているヒトゲノム配列第36版
HVP（human variome project）：http://www.humanvariomeproject.org/（2009年3月現在）
hybridization：ハイブリダイゼーション；DNAの二つの相補鎖が結合すること

【I】

ICAT（isotope-coded affinity tag）：**ICAT法**；放射標識を用いて質量分析法の感度をあげる技法の一種
IEEE（Institute of Electrical and Electronics Engineers）：米国電気電子学会
IHC（immunohistochemistry）：**免疫組織化学**；抗原抗体反応を用いて目標とするタンパク質の細胞内及び組織内での局在を検出する技術
IHGSC（International Human Genome Sequencing Consortium）：**国際ヒトゲノム配列解読コンソーシアム**；国際ヒトゲノム計画を推進した組織
INDEL：insertion and deletion を組み合わせて作った混成語
insertion：**挿入**；DNA断片が挿入されることで生じる変異
insulin：**インスリン**；膵臓から分泌されるタンパク質．筋肉細胞及び脂肪細胞の糖の取込みを促進させる．
interactome：**インテラクトーム**；タンパク質間相互作用の総体
INTERPRO：タンパク質配列の機能部位データベース
intestinal bacterial flora：**腸内フローラ**；腸内細菌がお花畑のように群生している様子
intestinal bacterium：**腸内細菌**；大腸菌や乳酸菌など腸内に生息する細菌の一般名
intron：**イントロン**；遺伝子領域でスプライシングにより翻訳前に mRNA から除去される領域
inversion：**逆位**；DNA断片が逆向きに挿入されることで生じる変異
ion channel：**イオンチャネル**；ナトリウムイオン（Na^+），カリウムイオン（K^+），カルシウムイオン（Ca^{2+}）などを選択的に通過させる細胞膜上のタンパク質複合体
IP（isoelectric point）：アニオン（陰イオン）になる官能基（化学的性質を持つ部分構造）とカチオン（陽イオン）になる官能基を両方持つ化合物において化合物全体の電荷平均が0となるような pH
irinotecan：一般名，**イリノテカン**；肺がんや転移性大腸がんなどの抗腫瘍薬
is_a：概念の階層構造を定義するための関係
iSNP（intron SNP）：イントロン領域に生じた SNP
isoform：**アイソフォーム**；配列が少し異なるが類似の機能を持つタンパク質．異なる遺伝子から産出されることもあるし，同一の遺伝子から選択的スプライシングなどにより産出されることもある．
ISR（intergenic spacer region）：**遺伝子間領域**；遺伝子領域と遺伝子領域をつないでいる DNA．従来は遺伝子情報がないジャンク領域と呼ばれていたが，転写されている領域が多数存在していることが近年明らかとなった．

【J】

JWG(James Watson Genome):http://jimwatsonsequence.cshl.edu/cgi-perl/gbrowse/jwsequence/
(2009年3月現在)

【K】

K(lys, lysine):**リシン**;アミノ酸の一種,$C_6H_{14}N_2O_2$,等電点9.74
k_a(absorption constant):**吸収速度定数**;薬物を吸収する速度
k_i(inhibition constant):**阻害定数**;酵素と阻害物質の結合反応の平衡定数
k_m(Micaelis constant):**ミカエリス定数**;v_{max}の半分の反応速度を示す基質濃度
k_p(tissue/blood partition coefficient):**組織−血液分配係数**;薬物の組織中濃度を血液中濃度で割った値
KEGG(Kyoto encyclopedia of genes and genomes):京都大学で公開している日本の代表的なバイオデータベース
ketoconazole:一般名,**ケトコナゾール**;水虫,タムシなどの抗真菌剤
kinase:**キナーゼ**;りん酸基転移酵素,タンパク質にりん酸基を転移する酵素
kinetics:**反応速度論**;化学反応を反応速度の観点から解明する学問

【L】

L(Leu, Leucine):**ロイシン**;アミノ酸の一種,$C_6H_{13}NO_2$,等電点5.98
Lab-on-Chip:**ラボチップ**;微細加工技術を用いて,数ミリあるいは数センチ角の基板上で一連の化学反応を実現する技術.反応時間及び試薬の量を大幅に減らせることが期待できる.
lactic acid bacterium:**乳酸菌**;代謝により乳酸を生成する細菌の一般名
lactose($C_{12}H_{22}O_{11}$):**ラクトース(乳糖)**;二糖,グルコースとガラクトースからなる.
latent variable:**潜在変数**;直接観測できない変数.回帰分析などで観測データの間に強い相関がある場合に相関をまとめた潜在変数を導入すると多重共線問題を回避できる.
LC(liquid chromatography):(高速)**液体クロマトグラフィー**;溶媒に溶けている複数の化合物をカラムを通る時間差で分離する化合物の同定法
LD(linkage disequilibrium):**連鎖不平衡**;ゲノム上の変異が独立でなく,特定の変異の組合せ(ハプロタイプなど)が有意に高くなる現象
left null space:**左零空間**;行列演算で$XA=0$となるX
leucovorin:一般名,**ロイコボリン**;5FUの抗腫瘍効果を増強させる抗腫瘍薬
life style disease:**生活習慣病**;高血圧,糖尿病,耐糖能異常,高脂血症,肥満など生活習慣が原因となる病気の総称
ligand-binding pocket:**リガンド結合ポケット**;受容体にリガンドが結合する部位
ligand docking:**リガンド結合**;薬物などの分子がタンパク質に結合すること

limit cycle：リミットサイクル；微分方程式の相平面において小さな摂動が加わっても元に戻る性質（自励振動）を持つ周期軌道

linkage analysis：連鎖解析；家族間での罹患情報とDNAマーカの継承関係から原因遺伝子のある染色体上の位置を推定する技術

long chain fatty acid：長鎖脂肪酸；炭素数が12以上の脂肪酸

loss：欠失；DNA上の特定の領域を失う変異

luciferase：ルシフェラーゼ；ホタルなどの発光生物が利用する発光物質の化学反応を触媒する酵素の総称

【M】

major allele：メジャーアレル；同一の遺伝子領域に観測される排他的なDNA配列のうち頻度が高い配列

mass balance：質量保存則；化学反応の前後で反応にかかわる分子の原子の総数は変わらないという法則

mass chromatogram：マスクロマトグラム；横軸に保持時間，縦軸に質量分析計の特定のm/z値に対応する検出強度をプロットしたスペクトル

massively parallel DNA sequencing：超並列DNAシークエンシング；DNA配列を数十塩基の短い断片に分解し，数十万個から数百万個の配列を同時にシークエンシングする技術

mass spectrum：マススペクトル；質量分析計から得られる，横軸にm/z値，縦軸に検出強度をとったスペクトル

Maxam-Gilberd method：マクサム・ギルバード法；DNAを塩基の種類ごとに化学的に分解し，長さの違いを読み取る方法（別名 chemical sequencing method）

MCMC method（Markov Chain Monte-Carlo method）：マルコフチェインモンテカルロ法；条件付き確率$p(x|y)$において，マルコフチェインを用いてyが与えられたときのxの事後分布を効率的にサンプリングするモンテカルロ法

melanoma：メラノーマ；メラニン形成細胞に発生するがん，皮膚及び眼組織に多い．

Mendelian heredity：メンデル遺伝；メンデルの法則に従って親子間で観測される表現型の遺伝

Mesh（medical subject headings）：生医学文献の用語のシソーラス（類語辞典）

metabolic control analysis：代謝制御解析；フラックス制御係数（flux control coefficient）を用いた定常状態のフラックスの効率化に関する解析

metabolic fate（catabolic fate）：代謝的運命；化合物が代謝されてたどる経過

metabolic map：代謝マップ；代謝パスウェイをグラフで表現した図

metabolic pathway：代謝パスウェイ；代表的な代謝ネットワークを概念化したもの

metabolite：代謝産物；代謝反応で生産される中間生成物及び最終生成物

metabolome：メタボローム；細胞内の代謝産物の総体

metabonomics：メタボノミクス；metabolite + genomicsからきた造語で，血液，尿，糞中の代

謝産物の NMR/MS 解析を中心に個体レベルでの代謝を総合的に解析する学問

methyl group：**メチル基**；CH_3- の構造を持つ最も小さい官能基

MHC（major histocompatibility complex）：**主要組織適合遺伝子複合体**；ヒトの MHC はヒト白血球型抗原（HLA）と呼ばれている．MHC が細胞内のさまざまなペプチドと結合して，細胞膜上に抗原として提示することにより免疫細胞（T 細胞）が抗原を認識する．

Michaelis-Menten equation：**ミカエリス・メンテン式**；酵素の反応速度に用いられる式

microsatellite：**マイクロサテライト**；ゲノム上に存在する数塩基の反復配列，反復数が親子間でメンデル遺伝するので DNA マーカとして用いられている．

minor allele：**マイナーアレル**；同一の遺伝子領域に観測される排他的な DNA 配列のうち頻度が低い配列

miRNA（microRNA）：**マイクロ RNA**；遺伝子発現調節機能を持つ 20 数塩基の RNA 断片

mis-hybridization：**ミスハイブリダイゼーション**；目標の DNA 断片が想定外の DNA 断片とハイブリダイゼーションすること

mitochondria：**ミトコンドリア**；真核生物に存在するオルガネラの一種，酸素呼吸による ATP 生産，脂肪酸代謝にかかわる．

mongoloid：**モンゴロイド**；黄色人種を意味する形態学に基づく分類，**african**（黒人），**caucasian**（白人）と同レベルの分類であるが，ミトコンドリアや Y 染色体を用いた遺伝学的な分類とは一致しない．

monotonic disorder：**単一遺伝子疾患**；一つの遺伝子の変異で生じる疾患

MS（mass spectrometry）：**質量分析法**；試料を電気的及び磁気的作用により質量電荷比に応じて分離して検出し，イオンの相対強度を測定する方法

multifactorial disorder：**多因子疾患**；複数の遺伝子要因及び環境要因から生じる疾患

multiple alignment：**多重アラインメント**；相同な DNA 配列またはアミノ酸配列を複数本並べて進化的に保存されている部位を調べる技術

multiple testing problem：**多重検定問題**；複数の検定を同時に行った場合，偶然により有意となる確率が，個々の検定において有意になる確率よりも大きくなるという問題

mutant type：**突然変異型**；野生型でない遺伝子型

MYC（myelocytomatosis oncogene）：全体の 15% ほどの遺伝子の発現を調整している転写因子

m/z value：**質量電荷比**；イオンの質量（m）を電荷数（z）で割った値

【N】

NAD（nicotinamide adenine dinucleotide）：**ニコチンアミドアデニンジヌクレオチド**；脱水素酵素の補酵素として働き，酸化型（NAD^+）と還元型（NADH）をとる．

nanopore：**ナノ細孔法**；電気的に絶縁された膜状にあけられたナノサイズの微小穴を DNA 断片が通過したときの電位差から DNA 配列を読み取る技術

natural fat：**中性脂肪**；常温で固体となる脂肪酸のグリセリンエステル

ncRNA（noncoding RNA, non-protein-coding RNA）：非コード RNA；タンパク質に翻訳されない RNA の総称

network diameter：ネットワーク直径；ノード間の最短エッジ数で最大のもの

NHGRI（National Human Genome Research Institute）：NIH のゲノム解析部門

NIH（National Institute of Health）：米国国立衛生研究所；国際ヒトゲノム計画の中核的機関の役割を果たした．

NMR（nuclear magnetic resonance）：核磁気共鳴；磁場中の原子核が固有の周波数の電磁波と相互作用する現象

NMR spectrum：NMR スペクトル；化学シフトによる共鳴周波数の変化から観測データが持つ官能基を推定することができるスペクトル

nonessential gene：非必須遺伝子；細胞増殖に必ずしも必要不可欠ではない遺伝子

normalization：正規化；複数回の実験結果を比較するために，発現量のスケールをそろえること

NPC：7-ethyl-10-(4-amino-1-piperidino)carbonyloxycamptothecin

N-terminus：N 末端；タンパク質のアミノ基末端がある側，アミノ酸配列の先頭側

nucleosome：ヌクレオソーム；DNA がヒストンに巻きついて作る周期的な構造

null hypothesis：帰無仮説；有意性検定の際に有意差がないとして立てた仮説．帰無仮説の下で偶然に観測される確率が有意水準以下の場合に，帰無仮説は棄却される．つまり，偶然とはいえないという判断になる．

null space：零空間；行列演算で $AX=0$ となる X

【O】

OBO（open biomedical ontologies）：生医学系オントロジーの団体

occurrent：生起体（哲学用語）；プロセス（事象）など時間とともに変化するもの

OMIM（online Mendelian inheritance in man）：NIH が公開している遺伝性疾患データベース；http://www.ncbi.nlm.nih.gov/omim/（2009 年 3 月現在）

operon：オペロン；遺伝子領域とその転写制御領域を一つの機能単位と考える考え方

OR（Odds ratio）：オッズ比；第 1 群及び第 2 群であるイベントが起きる確率をそれぞれ p, q としたときの $p(1-q)/q(1-p)$

organelle：オルガネラ，細胞小器官；ミトコンドリアや小胞体のように細胞内に存在する独立の機能を持つ器官

orthonormal system：正規直交系；内積が定義可能な空間において 0 を含まず，ノルムが 1 で互いに直交している部分空間

overflow metabolism：オーバフローメタボリズム；大腸菌などにおいて定常状態にある代謝ネットワークが酢酸塩などの副産物を生産する現象

OWL（web ontology language）：インターネット上のオントロジー記述言語

OWL-DL（OWL description logic）：記述論理（description logic）で推論できる OWL

oxidative phosphorylation：**酸化的りん酸化**；電子伝達系に共役して，ADPとプロトン（H⁺）とりん酸（Pi）からATPとH₂Oを生成する反応

【P】

P（pro, proline）：**プロリン**；アミノ酸の一種，$C_5H_9NO_2$，等電点6.30

pareto optimal：**パレート最適解**；多目的関数の最適化において，複数の目的関数を同時にそれ以上効率化することができないような解（の集合）

part_of：部分 – 全体構造を定義するための関係

party hub：**パーティハブ**；同一条件下で多数のタンパク質と相互作用するタンパク質

PCA（principal component analysis）：**主成分分析**；共分散行列の固有値を求めることでデータ間の相関を解析する統計手法

PCR（polymerase chain reaction）：**ポリメラーゼ連鎖反応**；DNA合成酵素と複製の始点を表すプライマーを用いて，DNA複製と熱による乖離を繰り返し，倍々に増幅させる複製法．DNAまたはRNA配列を指数的に増殖させる技術

peptide：**ペプチド**；アミノ酸がつながってできた分子の総称

permutation test：**パーミュテーションテスト**；帰無仮説のもとで観測データの並べ替えを行い，得られた統計量の分布から観測データのP値を求める統計技法

peroxisome：**ペルオキシソーム**；細胞のオルガネラの一種，酸化作用によりさまざまな化合物を分解する．

phenotype：**表現型**；観測可能な形態，発達段階，生理学的性質，行動様式などの性質

phosphatase：**フォスファターゼ**；脱りん酸化酵素，キナーゼにより転移されたりん酸基を外す酵素

PLS（partial least square または projection to latent structure）：**PLS回帰分析**；多くの因子を含むデータから抽出した小数の潜在変数と観測値との間で線形回帰分析する統計手法

PMF（peptide mass fingerprinting）：**ペプチドマスフィンガープリンティング法**；ペプチドの質量電荷比の情報を手がかりに，アミノ酸配列データベースまたはゲノム配列から対応するタンパク質を同定する方法

PML（polymorphic markup language）：遺伝型記述のためのXML記法

poly-acrylamide gel：**ポリアクリルアミドゲル**；多数のアクリルアミドが鎖状や網状に結合してできた重合体．編み目の隙間を高分子がすり抜ける．

Popperian：**ポパー主義**；ポパー（Popper, K.）の反証可能性と演繹法に基づく科学方法論

PPAR（peroxisome proliferator-activated receptor）：**ペルオキシソーム増殖剤応答性受容体**；脂肪燃焼や脂肪細胞の分裂に関係する核内受容体（タンパク質）

pressure of natural selection：**自然選択圧**；環境が表現型の生存率に差をもたらす力

probe：**プローブ**；DNAアレイにおける各スポットのDNA配列．エラー検出のために複数スポットでプローブセットを構成し，プローブセットごとにシグナル強度を算出する．

probiotics：良性腸内細菌；健康に良いとされる微生物及びそれらを含む製品

prodrug：プロドラッグ；生体内で代謝してから薬理活性を持つように化学修飾した薬

promoter region：プロモータ領域；遺伝子のタンパク質符号化領域の上流にあり，転写発現を制御している領域．遺伝子の発現制御を行うプロモータが結合する領域

protease：プロテアーゼ；タンパク質分解酵素の総称．ペプチド結合を加水分解する．

protein coding region：タンパク質符号化領域；スタートコドンとストップコドンに囲まれてタンパク質の情報を格納している領域．真核生物の場合にはエクソンとイントロンから構成されている．

proteome：プロテオーム；細胞内のタンパク質の総体

proton：水素イオン

PST (peptide sequence tag)：ペプチドシークエンスタグ法；質量分析して得られたペプチドを更に質量分析して得られるペプチド断片系列の質量電荷比の情報から対応するタンパク質を同定する方法

PTS (phosphoenolpyruvate-carbohydrate phosphotransferase system)：ホスホエノールピルビン酸塩（解糖系の最終段階の一つ前の代謝物）から糖トランスポータへのりん酸転移酵素による伝達機構

***P*-value** (probability value)：P 値；有意確率；慣習的に P 値が 0.05 以下あるいは 0.01 以下のときを有意とみなす．

【Q】

Q (gln, glutamine)：グルタミン；アミノ酸の一種，$C_5H_{10}N_2O_3$，等電点 5.65

QTL (quantitative trait loci)：量的形質遺伝子座；身長など多数の遺伝子の相互作用により量的に変化する形質に影響を与えている DNA 上の領域

quantile normalization：分位点正規化法；実験データの大きさの順位を保持したまま，値を平均値で置き換えてでデータの分布をそろえる正規化法

【R】

R (Arg, arginine)：アルギニン；アミノ酸の一種，$C_6H_{14}N_4O_2$，等電点 10.76

RACE (rapid amplification of cDNA ends) **method**：RACE 法；cDNA の未知の 3' 末端または 5' 末端を調べるために，確実に存在がわかっているエクソンの領域から端に付加したアダプター配列までを PCR で増幅する方法．完全長 cDNA を作る必要がないのが特徴

RDF (resource description framework)：インターネット上の資源を記述するための枠組

recessive homozygosity：劣性ホモ接合型；劣性 - 劣性というアレル型がそろった遺伝子型

recombination：組換え；父親由来の染色体と母親由来の染色体の間で部分的な交換がおきること

redox ratio：レドックス比；活性酸素などの自由ラジカルの量と抗酸化酵素の量との比

regulatory region：発現制御領域；DNA 上で遺伝子発現を制御している領域．通常はタンパク質

符号化領域の上流であるが，下流での発現制御もある．

retention time：**保持時間**；化合物がカラムに保持されている時間

rheumatism：**リュウマチ**；関節，筋肉，骨の痛みを生じるさまざまな病態の総称．日本ではコラーゲン（膠原）のある部位が侵されることから膠原病ともいう．自己免疫疾患が原因とみられている．

ribosome density：**リボソーム密度**；活性転写産物に結合しているリボソームの個数を転写産物の長さで割った値

ribosome occupancy：**リボソーム占有率**；実際に翻訳が行われている転写産物の割合

RN（random network）：**ランダムネットワーク**；n個のノードを確率pでランダムに結合したときに得られるネットワーク

RNA（ribonucleic acid）：**リボ核酸**；転写時にDNA配列のチミン（T）がウラシル（U）に変わる．用途により，mRNA，tRNA，rRNA，siRNA，miRNA（マイクロRNA），ncRNA（非コードRNA）などと呼ばれている．

robustness and evolvability paradox：**ロバストネス－進化可能性パラドックス**；生命が遺伝子変異に対して頑健であるにもかかわらず，一方で環境に適応して進化できるのはなぜかというパラドックス

ROL（rate of living hypothesis）：**ROL仮説**；生物の寿命は摂取するエネルギーの総量で決まるという仮説

rSNP（regulatory SNP）：遺伝子発現制御部位に生じたSNP

【S】

Sanger method：**サンガー法**；DNAシークエンシング法の一種．塩基の種類ごとにDNA合成を停止させて長さの違いを読み取る方法（別名 chain-terminator method）

screening：**スクリーニング**；ある条件を課してふるい分けること

SDS-PAGE（sodium dodecyl sulfate poly-acrylamide gel electrophoresis）：**SDSポリアクリルアミド電気泳動法**；界面活性剤であるドデシル硫酸ナトリウムを用いてタンパク質の高次構造をほどいて負電荷に帯電させてから電気泳動する方法

second-derivative Gaussian function：**二次微分フィルタ**；鋭敏化フィルタなどの信号処理の技法の一つ．一次微分フィルタを用いるとグラフの変化部分が抽出され，更に微分した二次微分の結果を元のグラフから引くとグラフの変化部分がシャープになる．

sensitivity：（敏）**感度**；バイオマーカーが陽性のときに正しく疾病を発見できるための指標（真の陽性）/（陽性＋偽陰性）

sequencing：**シークエンシング**；DNAの塩基の並びを配列情報として読み取ること

SFN（scale free network）：**スケールフリーネットワーク**；ノードがいくつのノードと結合しているかという次数分布がべき乗則に従うネットワーク

shortest path length distribution：**最短距離分布**；あるノードから別のノードに到達するまでの

最小のエッジの数を計算し，ノード次数ごとに平均化したときの分布

signal transduction：シグナル伝達；刺激を受けた受容体が細胞活動を変化させるために引き起こすカルシウムの放出やりん酸化などの連続的な反応．細胞外部からの刺激（シグナル）を核や小胞体に伝える機構

significance level：有意水準；帰無仮説が本当は正しくても，帰無仮説を棄却すると判断する基準となる確率

SILAC（stable isotope labeling by amino acids in cell culture）：**SILAC 法**；放射標識を用いて質量分析法の感度をあげる技法の一種

silent mutation：非表現突然変異；表現型に表れない遺伝子の変異

single molecule sequencing：単分子シークエンシング法；PCR による DNA 増幅をせずに単分子のまま配列を読み取る技術

singular variable decomposition：特異値分解；行列 M を正規直交系 U, V と対角行列 S を用いて $M = USV^*$ の形に変換すること（V^* はユニタリ行列 V の随伴行列）

siRNA（small interfering RNA）：遺伝子の発現を抑制する機能を持つ長さ 21～23 塩基の小さな RNA 配列

small world network：スモールワールドネットワーク；クラスタにはなってないが，小数のノードを介して大多数のノードにたどり着けるネットワーク

SN-38：7-ethyl-10-hydroxycamptothecin；CPT-11 代謝後の薬効成分

SN-38-G：SN-38-glucuronide；SN-38 のグルクロン酸包合体

SNAP：空間に関するオントロジー（哲学用語）

SNP（single nucleotide polymorphism）：単一塩基多型；単一塩基が変異することによって生じる多型

SNP typing：SNP タイピング；DNA を調べて SNP 部位の塩基を決めること

SOM（self-organizing map）：自己組織化マップ；教師なし学習ネットワークの一種．入力データ間の距離が学習に反映されるのでクラスタ分析に利用できる．

sorivudine：一般名，ソリブジン；帯状疱疹に対する抗ウイルス剤

SPAN：時間に関するオントロジー（哲学用語）

specificity：特異度；バイオマーカが間違って健常者を患者と判定しないための指標．（真の陰性）/（陰性＋偽陽性）

square test：χ^2 検定；平方和（観測データから平均値を引いた値の 2 乗の和）という統計量の分布を用いた検定方法

sSNP（silent SNP）：遺伝子コーディング領域に生じたアミノ酸置換を伴わない SNP

statin：スタチン；肝臓においてコルステロール生産を阻害する高脂血症薬

stoichiometry matrix analysis：化学量論的行列解析；細胞内の化学反応と代謝物の関係を行列として表現してゲノムワイドな定量的解析を行う技法

SUO（standard upper ontology）：IEEE が定めた工学のための上位オントロジー

SVM（support vector machine）：教師付き機械学習法の一つ

systems biology：システム生物学；生命現象を構成要素に分解して理解するのではなく，全体システムとサブシステムとの相互作用として理解する学問

【T】

T（thymine）：チミン；アデニンと対をなす DNA の要素となるピリミジン塩基 TAP（tandem affinity purification）：タンデムアフィニティピューリフィケーション法；遺伝子組換えでアフィニティタグを複数個付加した融合タンパク質を作り，異なるタグ精製を適用することで，純度の高いタンパク質複合体を精製する方法

TCA（tricarboxylic acid）**cycle**：TCA サイクル；クエン酸回路．酸素呼吸でアセチル CoA とオキサロ酢酸からクエン酸を生成し，最終的にオキサロ酢酸を生成する過程で ATP 及び NADH などを生成する回路

The 1 000 genome project：http://www.1000genomes.org/（2009 年 3 月現在）

thiazolidine：チアゾリジン；複素環式化合物の一種で，チアゾリジン誘導体（一般名：塩酸ピオグリタゾン）が肥大脂肪細胞のアポトーシスを引き起こす．

tiling array：タイリングアレイ；全ゲノムあるいはゲノム上の連続領域を覆うように設計された DNA 断片から構成される DNA チップ．転写の有無が確認できるようにゲノム全体をプローブでカバーするように設計された DNA アレイ

TRA（trans-regulatory association）：トランス因子制御相関；遺伝子発現と相関のある eQTL が異なる染色体にある場合，すなわち，トランス因子となる eQTL との相関

transcrip：転写産物；DNA から転写される RNA 分子の総称

transcriptional region：転写領域；一度の発現で転写される DNA 上の範囲

transcription factor：転写因子；DNA の特定の部位に結合して遺伝子発現を制御するタンパク質

transcriptome：トランスクリプトーム；細胞内の転写産物の総体

transfer RNA adaptation index：tRNA 適合指数；転写産物の発現量が細胞内の資源不足により飽和することを表す指標

transporter：トランスポータ；細胞膜上で分子を内から外，または，外から内に輸送する膜タンパク質．分子を一方向に選択的に輸送することができる．

triplet repeat：トリプレットリピート；3 塩基の並びが繰り返される領域

trypsin：トリプシン；リシン及びアルギニンのカルボキシル基側のペプチド結合を分解する酵素

TSS（transcription start site）：転写開始地点；DNA 上でプロモータが結合して転写が開始される部位

two-dimensional electrophoresis：二次元電気泳動法；一次元目に等電点で，二次元目に分子量でペプチド配列を分離する方法

Type2 diabetes：2 型糖尿病；インスリンの分泌低下と感受性低下を原因とする糖尿病．自己免疫疾患などを原因とする糖尿病は 1 型糖尿病と呼ばれている．

【U】

ubiquitin：ユビキチン；タンパク質の修飾に用いられる比較的小さなタンパク質．タンパク質分解，DNA修復，翻訳調節などさまざまな生命現象にかかわる．

UCP（uncoupling protein）：脱共役タンパク質；ミトコンドリアの内膜に存在し，プロトン濃度勾配によるエネルギーをATPの産出でなく熱生産に使う膜タンパク質

UGT（UDP-glucuronosyltransferase）：グルクロン酸転移酵素

UMLS（Unified Medical Language System）：生医学用語のメタシソーラス

UNICODE（universal codeset）：世界共通の文字コード

UNIPROT（universal protein resource）：タンパク質データベース

URI（uniform resource indicator）：インターネット上の情報の場所を示す記述方式

【V】

V（val, valine）：バリン；アミノ酸の一種，$C_5H_{11}NO_2$，等電点 5.96

v_{max}（maximum velocity）：酵素反応の最大速度

VF（ventricular fibrillation）：心室細動；心室に発生した早い周期の無秩序な興奮，脈がなくなる最も危険な不整脈

VNN1（vanin 1）：膜係留タンパク質の一種．造血細胞の移動への関与が報告されている．

VT（ventricular tachycardia）：心室頻拍；心室に発生した興奮が旋回することで生じるポンプ作用の低下

【W】

W（trp, tryptophan）：トリプトファン；アミノ酸の一種，$C_{11}H_{12}N_2O_2$，等電点 5.89

wavelet transformation：ウェーブレット変換；小さな波（wavelet）の線形結合で解析する信号処理の手法

WGTP（whole genome tiling path）：全ゲノムタイリングパス；約1万塩基対のDNA断片を全ゲノムに対応するように敷き詰めたマイクロアレイ

wild type：野生型；自然状態で最も頻度が高く観測される遺伝子型で，正常型ともいう．

www（world wide web）：インターネット上の情報ハイパーリンク

【X】

X-chromosome inactivation：X染色体の不活化；父親由来または母親由来のX染色体のいずれか一方が染色体の凝集により遺伝子発現しなくなること．

xenobiotics：生体異分子；生体内に取り込まれた生体分子（biotics）でない分子

XML（extensible mark up language）：文書やデータの意味や構造を記述するための言語

【Y】

Y2H(yeast two hybrid):**イースト2ハイブリッド法**:遺伝子組換え法で作成した二つの融合タンパク質が結合すると特定の遺伝子を発現させる仕組みを使ってタンパク質間の相互作用の強さを検出する技法

【数 字】

5FU(5-fluorouracil):一般名,**フルオロウラシル**:大腸がん,胃がんなどの抗腫瘍薬

あとがき

　本書を通して最も伝えたかったことは，バイオ情報学は生命現象に関する知識なしには成り立たない学問だということである．知識があれば何が本当の課題なのかがわかる．課題がわかれば，解決する方法はいくらでも考えられる．ポストゲノム時代に産出された膨大なオミックスデータから意味のある情報を抽出するためには，何をしなければならないのかをいま一度見直す時期にきたといえよう．

　生命現象を理解するうえで，忘れてはならないのが，生命は複雑系で，多様性を持ち，自律して行動するということである．「複雑系」，すなわち，非線形 - 非平衡現象としての生命現象はパターンや左右非対称性の形成などさまざまな切り口があり，とても一言でまとめることはできない．そのなかでも，今後，注目すべきテーマの一つとして，系のマクロな変化を支配しているパラメータの網羅的探索があげられる．生命現象においては，ATP/ADP比，NDP/NHDP比，n-6系/n-3系不飽和脂肪酸比などが，細胞内の代謝反応の切替えや細胞膜の流動性に大きく関与していることが知られている．このような系を支配している制御パラメータをゲノムワイドに決めることができれば，オミックスデータや代謝ネットワークあるいはシグナル伝達ネットワークを，これまでとはまた違った角度から解析することができよう．

　生命が多様であるということは誰も疑わないが，「多様性」を積極的に活用したバイオ情報技術というものは，これまであまり研究されてこなかった．少なくとも筆者の知る範囲ではあまり記憶にない．10章で紹介した仮想ポピュレーションは生命が持つ多様性を明示的に利用した数少ない方法論の一つである．生命をシステムとして理解しようとした際に，一つのモデルだけ見ていても違いがわからない．サンプル集団だけを見ていても相対的な比較しかできない．標準的な集団において，サンプル集団がどのように点在しているかを見ることにより，はじめて，モデルとしての特性の違いが比較できると考えているがいかがであろうか．

　制御という観点から，しばしば，自動操縦ジェット機と鳥が比較されることがあるが，鳥のように勝手に飛んでいってしまうジェット機というのは寡聞にして聞いたことがない．この両者の本質的な違いは，「自律性」の有無であろう．生命体は外界を正しく認識し，内部状態と比較して適切な判断を下して行動することができる．このような「自律性」は個々の細胞においても存在する．この「自律性」の観点から，シグナル伝達ネットワーク，遺伝子

あとがき

発現制御ネットワーク，代謝ネットワークを見直せば，より高次の情報処理ネットワークの機構が見えてくるのではないだろうか．

　本書では，バイオ情報学の中で現在関心の高い，パーソナルゲノム解析，遺伝子変異解析，トランスクリプトーム解析，プロテオーム解析，メタボローム解析，オントロジー及びモデリングを取り上げた．バイオ情報学の研究領域は時代とともに大きく広がりつつある．一冊の本書で，そのすべてのテーマを網羅することは困難になりつつあることをご理解願いたい．また，本書で取り上げたテーマについても，重要な著書，論文が漏れている可能性は十分に高いが，筆者の理解が至らなかったためとご容赦願いたい．

　本書を執筆するにあたって，このような機会を与えてくださった社団法人 電子情報通信学会教科書委員会の皆様及びコロナ社の関係者に厚く御礼申し上げます．

　本書で取り上げたゲノムから薬物相互作用解析までのテーマをまとめるにあたって，過去20年にわたるバイオ情報学に関する研究活動並びに学会活動を通じて交流していただいた多くの研究者並びに関係者に感謝いたします．特に，吉川澄美氏，我妻竜三氏，有熊威君との議論は，本書で述べた内容への理解を深めるうえで有益でした．また，神沼二真先生，渡辺崇君，里城晴紀君，尾崎賢人君の四名からは難解であったドラフトへの貴重なコメントをいただきました．最後に，本書の執筆を温かい目で見守ってくれた家族に感謝いたします．

索　引

【あ】

アイソフォーム………48, 143
アスパラギン酸…………138
アセトアルデヒド………135
アセトアルデヒド分解酵素…135
アデニン…………………135
アドレナリン受容体……42
アノテーション…………135
アポトーシス……………135
アミノ基…………………135
アラニン…………………135
アルギニン………………149
アルコール分解酵素……135
アルブミン………………135
アレイCGH法……………136
アレル……………………135
アンチセンス鎖…………48

【い】

イオンチャネル…………143
異化作用…………………137
イースト2ハイブリッド法
　………………………58, 154
一般システム理論………92
遺伝子オントロジー……141
遺伝子型…………………141
遺伝子間領域……………143
遺伝子コピー数変異……25, 137
遺伝子集団モデル………32
遺伝子ノックアウト……141
遺伝子ノックダウン……141
遺伝子発現………………141
遺伝子発現制御…………141
遺伝子発現制御ネットワーク
　………………………99, 104
遺伝子発現量的形質遺伝子座
　………………………54, 140
遺伝子領域………………141
遺伝性疾患データベース…32
遺伝的アルゴリズム
　……………………63, 103, 141
遺伝的浮動………………33, 141
遺伝率……………………53, 142
イリノテカン……………107, 111, 143
インスリン………………143

インテラクトーム………59, 143
イントロン………………143

【う】

ウェーブレット変換……153

【え】

液体クロマトグラフィー……144
エクソン…………………140
エピジェネティクス……46, 139
エムデン・マイヤーホフ・
　パルナス経路…………139
エントナー・ドウドロフ経路
　…………………………139

【お】

オッズ比…………………40, 147
オーバフロー代謝………74
オーバフローメタボリズム…147
オープン生医学オントロジー
　コンソーシアム………90
オペロン…………………147
オミックスデータ………4, 8
オルガネラ………………147
オントロジー……………80

【か】

階層的スケールフリー
　ネットワーク…………60, 142
解糖系……………………141
化学量論的行列解析
　………………67, 70, 78, 151
核磁気共鳴………………147
ガスクロマトグラフィー……141
仮想ポピュレーション…118
家族調査…………………33, 140
褐色脂肪細胞……………136
ガラクトース……………141
カルボキシル基…………137
肝クリアランス…………137
頑健性と進化可能性
　パラドックス…………104
感度………………………150

【き】

偽陰性……………………140

キナーゼ…………………144
機能エレメント…………46, 141
偽発見率…………………44
帰無仮説…………………147
逆位………………………143
キャピラリー電気泳動法
　………………………14, 137
吸収速度定数……………144
競合阻害…………………111
偽陽性……………………140
偽陽性検出能力…………58
共代謝……………………76, 138
強連結ネットワーク……140
巨大軸索…………………141

【く】

グアニン…………………141
薬による副作用…………106
組換え……………………149
クラスタ性………………59, 137
クラスタリング…………137
クリーク…………………137
グルクロン酸……………141
　──の脱包合…………108
グルコース………………141
グルタミン………………149
グルタミン酸……………139, 141

【け】

蛍光色素…………………140
ケース-コントロール調査
　………………………33, 137
結合阻害…………………111
欠失………………………15, 145
血漿………………………136
血清………………………136
欠損………………………15, 139
血中濃度の時間曲線下面積
　………………………108, 136
血中遊離型分率…………140
血友病……………………142
ケトコナゾール…109, 111, 144
ゲノム……………………2, 141
ゲノムインプリンティング
　………………………48, 141
ゲノムショットガン法…141

ゲノム配列の解析·················2
ゲノムワイド相関解析··········44
ケモスタット·······················137
倹約遺伝子·······················33,44

【こ】

抗アポトーシス機能············135
抗　原································135
抗原決定基·························139
抗原抗体反応······················135
抗原提示····························135
後生遺伝学·························139
合成によるシークエンシング
　····································17,20
高性能 DNA シークエンシング
　技術·································17
抗　体································135
候補遺伝子アプローチ·········137
高密度リポプロテインコレステ
　ロール·····························142
高密度 DNA アレイ··············26
国際ヒトゲノム計画···············14
国際ヒトゲノム配列解読コンソー
　シアム·····························143
国際 HapMap 計画···········53,142
個人ゲノム解析····················20
コドン································138
コドン適合指数···············61,138
コピー数多型························30
コピー数変異···········15,30,137
個別化医療·························106
コホート調査······················138
コリネ菌·····························138
コレステロール···················137

【さ】

最短距離分布·····················150
サイバネティクス···················92
細胞周期····························137
細胞小器官·························147
酢酸塩································135
酸化的りん酸化···············43,148
サンガー法·························150
3 変数対数正規分布正規化法
　··49

【し】

シークエンシング················150
シグナル伝達······················151
自己組織化マップ·········63,151
シス因子制御························52
シス因子制御相関···············138
次数分布······························59
システイン·························136

システム生物学···············2,152
システムバイオロジー············92
自然選択圧·························148
持続体··························89,138
疾患関連遺伝子探索·············32
質量電荷比····················57,146
質量分析法····················56,146
質量保存則·························145
シトクロム c·······················138
シトシン·····························136
脂肪酸································140
主成分分析····················75,148
主要組織適合遺伝子複合体···146
上位オントロジー··················90
小児喘息····························136
ショットガン法······················57
心筋細胞····························137
腎クリアランス····················137
心　室································137
心室細動····························153
心室頻拍····························153
診断バイオマーカ··················64
心　房································137

【す】

推定有罪······························44
スクリーニング····················150
スケールフリーネットワーク
　································60,150
スタチン·····························151
スモールワールド··················60
スモールワールドネットワーク
　····································151

【せ】

生活習慣病·························144
正規化································147
生起体···························89,147
正規直交系·························147
生体異分子·························153
生体分子····························136
セマンティック web················81
全ゲノムタイリングパス·······153
潜在変数····························144
全身クリアランス················137
センス / アンチセンス転写制御
　··54
センス鎖······························48
選択的スプライシング
　································54,135
選択的スプライシング機構····47
1000 ドルゲノム····················16

【そ】

挿　入···························15,143
創　発··································93
増　幅···························15,141
相補的 DNA························137
阻害定数····························144
組織‒血液分配係数·············144
ソリブジン·························151

【た】

代謝産物····························145
代謝制御解析·················67,145
代謝的運命·························145
代謝ネットワーク··················78
代謝パスウェイ···················145
代謝マップ·························145
対立遺伝子·························135
タイリングアレイ·················152
多因子疾患·························146
多重アラインメント·············146
多重検定問題·····················146
多重転写開始点····················54
脱共役タンパク質···············153
脱包合································138
単一遺伝子疾患··················146
単一塩基多型···········15,30,151
単一塩基の変異····················22
タンデムアフィニティ
　ピューリフィケーション法
　··58
タンパク質間相互作用
　ネットワーク················59,64
タンパク質符号化領域·········149
単分子シークエンシング法···151

【ち】

チアゾリジン·······················152
チミン································152
中性脂肪····························146
中立空間····························104
腸肝循環····························108
長鎖脂肪酸·························145
腸内細菌····························143
腸内フローラ·················76,143
超並列 DNA シークエンサー
　··16
超並列 DNA シークエンシング
　·····························17,20,145

【つ】

追跡調査······························33

索引

【て】

デオキシリボ核酸 ………………139
デートハブ ………………… 61, 138
電気泳動 ………… 14, 137, 139
転写因子 ………………………152
転写開始地点 ……………… 46, 152
転写後発現調節機構 …… 56, 64
転写産物 ………………………152
転写発現量 …………………… 61
転写領域 …………………… 46, 152

【と】

同化作用 ………………………135
糖新生 …………………………141
糖尿病 …………………………139
特異値分解 ………………… 72, 151
特異度 …………………………151
突然変異型 ……………………146
トランス因子制御 …………… 52
トランス因子制御相関 ………152
トランスクリプトーム
　……………………… 2, 54, 152
トランスポータ ………………152
トリプシン ……………………152
トリプトファン ………………153
トリプレットリピート… 24, 152
ドルトン ………………………138

【な】

ナノ細孔法 ……………………146

【に】

2型糖尿病 ………………… 40, 152
ニコチンアミドアデニンジヌクレ
　オチド ……………………146
二次元電気泳動法 ………… 57, 152
二次微分フィルタ ……………150
2段階増殖 ………………… 94, 139
乳酸菌 …………………………144

【ぬ】

ヌクレオソーム ………………147

【ね】

ネットワーク直径 ………… 59, 147
ネットワークモチーフ ………104

【の】

ノード次数分布 ………………139

【は】

バイオ情報学 ………………… 2, 8
バイファン ……………………101

ハイブリダイゼーション……143
パイロシークエンシング
　………………………… 17, 20
バクテリアIQ ………………… 94
パーソナルゲノム ……… 15, 16
パーソナルゲノム解析 ……… 8
バックグランドノイズ ………136
発現制御領域 ……………… 46, 149
発現QTL ………………………140
パーティハブ ……………… 61, 148
ハーディ・ワインバーグの法則
　………………………………… 38
ハーディ・ワインバーグ平衡
　………………………………142
ハブ ……………………………142
ハプロタイプ ……………… 24, 142
パーミュテーションテスト
　………………………… 35, 148
パラメータ最適化 ……………104
バリン …………………………153
パレート最適解 ………………148
反証可能性 …………………… 96
ハンチントン遺伝子 …………142
ハンチントン病 ………………142
反応速度論 ……………………144

【ひ】

比較ゲノムハイブリ
　ダイゼーション ……… 25, 137
非コードRNA …… 46, 54, 147
ヒスチジン ……………………142
ヒストン ………………………142
ヒストンアセチル化 …… 46, 142
左零空間 ………………………144
必須遺伝子 ……………………140
非必須遺伝子 …………………147
非表現突然変異 ………… 104, 151
ビフィズス菌 …………………136
被覆率 …………………………138
表現型 …………………………148
費用効果分析 …………………138
標準上位オントロジー ……… 81

【ふ】

フィードフォワード …………101
フィブラート …………………140
フィルタリング ………………140
フォスファターゼ ……………148
複雑ネットワーク解析 … 59, 137
ブドウ糖 ………………………141
フラックス ………………… 67, 140
フラックスオーム ……… 67, 77
フラックス制御係数 …………140
ブーリアンネットワーク …… 99

フルオロウラシル ……………154
プロテアーゼ …………………149
プロテオーム ……… 2, 64, 149
プロドラッグ …………………149
プローブ ………………………148
プロモータ領域 ………………149
プロリン ………………………148
分位点正規化法 …………… 49, 149
分割表 ……………………… 34, 138
分岐理論 ………………………136

【へ】

平均距離 …………………… 59, 136
米国国立衛生研究所 …………147
ベイジアンネットワーク ……100
ベーコン主義 …………………136
ベーコン的アプローチ ………104
ヘテロクロマチン ……………142
ヘテロクロマチン形成 ……… 46
ヘテロ接合型 …………………142
ヘテロ接合性 …………………142
ヘテロ接合体 ………………… 34
ペプチド ………………………148
ペプチドマスシークエンス
　タグ法 …………………… 57, 149
ペプチドマスフィンガー
　プリンティング法 …… 57, 148
ペルオキシソーム …… 136, 148
ペルオキシソーム増殖剤
　応答性受容体 …………… 42, 148

【ほ】

包合 ……………………………138
保持時間 ………………………150
ポストゲノム解析 ………… 2, 8
ホットスポット ………………142
ポパー主義 ……………………148
ポパー的アプローチ …………104
ホモ接合型 ……………………142
ホモ接合性 ……………………142
ポリアクリルアミドゲル ……148
ポリメラーゼ連鎖反応 ………148
ボンフェローニ補正 …… 37, 136

【ま】

マイクロサテライト …………146
マイクロRNA ………… 48, 146
マイナーアレル ………… 26, 146
マクサム・ギルバード法 ……145
マスクロマトグラム …… 68, 145
マススペクトル ………………145
マルコフチェインモンテカルロ
　………………………… 36, 145

【み】

ミカエリス定数……………144
ミカエリス・メンテン式
　……………………102, 146
ミスハイブリダイゼーション
　………………………………146
ミトコンドリア……………146
ミトコンドリア脱共役
　タンパク質………………42

【め】

メジャーアレル…………26, 145
メタボノミクス……75, 78, 145
メタボライトプロファイリング
　…………………………………78
メタボリック指紋法…………78
メタボリック足跡法…………78
メタボリックフィンガー
　プリンティング………66, 78
メタボリックフット
　プリンティング………66, 78
メタボローム………2, 77, 145
メタボローム解析……………78
メチル基……………………146
メラノーマ…………………145
免疫組織化学……………62, 143
メンデル遺伝……………32, 145

【も】

目標分析………………………78

【や】

モンゴロイド………………146

【や】

薬物相互作用………………118
薬物動態………………106, 118
薬力学…………………107, 118
野生型………………………153

【ゆ】

有意水準……………………151
優性ホモ接合型……………139
優性ホモ接合体………………34
ユビキチン…………………153

【よ】

要素モード……………………77

【ら】

ラクトース…………………144
ラボチップ…………………144
ランダムネットワーク…60, 150

【り】

リガンド結合………………144
リガンド結合ポケット……144
リシークエンシング…………20
リシン………………………144
リボ核酸……………………150
リボソーム占有率………61, 150
リボソーム密度…………61, 150
リミットサイクル…………145

【り】

リュウマチ…………………150
良性腸内細菌……………76, 149
量的形質遺伝子座………52, 149
倫理的・法律的・社会的諸問題
　………………………19, 20

【る】

ルシフェラーゼ……………145

【れ】

零空間……………………72, 147
劣性ホモ接合型……………149
劣性ホモ接合体………………34
レドックス比………………149
連結によるシークエンシング
　………………………17, 20
連鎖解析…………………32, 145
連鎖不平衡…………………144

【ろ】

ロイコボリン………………144
ロイシン……………………144
ロバストネス‐進化可能性
　パラドックス……………150

【わ】

ワルファリン………………112

【A】

ADME ………………………118
Alternative splicing……54, 135
ArcA 遺伝子…………………135
AUC …………………108, 136

【B】

B 細胞…………………………136
Baconian モデル……………98
Baconian approach ………104
bacteria IQ …………………94
Bi-Fan motif………………101
bioinformatics ………………8

【C】

C 末端……………………58, 138
CAG リピート………………136
CDCV 仮説…………………32, 44
CDCV hypothesis …………44
CE ………………………14, 137
CGH ……………………25, 137

【D】

clinical biomarker …………64
CNA ……………………………59
CNP ………………6, 26, 30
CNV ……………6, 15, 30, 137
continuant ……………86, 89, 138
CPT-11 …………107, 111, 138
CRA ……………………52, 138
cSNP ……………………23, 138
CVG ……………………15, 138
CYP3A4 ………………116, 138

【D】

disorder 領域………………139
DNA シークエンサー………139
DNA シークエンシング……139
DNA マーカ…………………139
DNA メチル化…………46, 139
DNA array（DNA アレイ）
　…………………………………54
DNA topoisomerase ……109
drug-drug interaction……118
Dscam 遺伝子……………48, 139

【E】

elementary mode ……………77
ELSI ………………13, 15, 19, 20
ENCODE 計画 ………………46
eQTL …………6, 52, 54, 140
extereme パスウェイ ………140

【F】

FAAH ……………………69, 140
FAAH 遺伝子………………140
FDR ………………38, 44, 50, 58
fluxome ………………………77
FMA ……………………82, 140
futile cycling ………………74, 141

【G】

GA（genetic algorithm）
　………………………63, 141
gene expression regulation
　network …………104, 141
genome-wide association study

索引 161

.... 44
GO（gene ontology）
 .... 7, 53, 80, 141
gSNP 24, 141
guilty by association 44

【H】

HMDB 66
Hodgkin–Huxley モデル 96
HSFN 60, 142

【I】

ICAT 法 143
IDA 84
IEA 84
IHGSC 14, 143
IMP 84
INDEL 6, 15, 23, 30, 143
iSNP 24, 143

【J】

JWG 15, 144

【M】

m/z 値 57, 146
massively parallel DNA
 sequencing 20, 145
MCMC 36, 145
Mesh 83, 145
metabolic fingerprinting 78
metabolic footprinting 78
metabolic network 78
metabolite profiling 78
metabolome 77, 145
metabolome analysis 78
metabonomics 78, 145
MS 56, 146
multiple transcription start site
 54

【N】

N 末端 57, 147
ncRNA 24, 46, 54, 147
network motif 104
NMR スペクトル 75, 147

【O】

OBO 82, 89, 90, 147
OBO format（OBO 形式） ... 89
OBO foundry 90
OBO relation（OBO 関係） ... 89

occurrent 86, 89, 147
OMICS data 4, 8
OMIM 32, 147
OR 40, 147
OWL-DL 81, 147

【P】

parameter optimization 104
PCA 75, 148
PCR 50, 56, 148
personal genomics 8, 20
pharmacodynamics 118
pharmacokinetics 118
Physiome プロジェクト 97
PLS 回帰分析 75, 148
PMF 57, 148
Popperian モデル 96, 148
Popperian approach 104
post genomics 8
posttranscription expression
 regulation 64
PPAR 42, 43, 148
PPI network 59, 64
proteome 64, 149
PST 57, 149
P-value（P 値） 34, 149
pyrosequencing 20

【Q】

QTL 52, 149
Q-value（Q 値） 44

【R】

RACE 法 149
redox ratio 74, 149
resequencing 20
RNA 2, 150
ROL 仮説 33, 150
RP 51
rSNP 23, 150

【S】

SAM 51
SDS ポリアクリルアミド
 電気泳動法 150
sense/antisense transcription
 54
sequencing by ligation 20
sequencing by synthesis 20
SILAC 法 151

SIM 101
SNAP ontology（SNAP オント
 ロジー） 86, 90, 151
SNP 2, 15, 22, 30, 151
SNP タイピング 151
SOM 63, 151
SPAN ontology（SPAN オント
 ロジー） 86, 90, 151
sSNP 23, 151
stoichiometry matrix analysis
 .... 78, 151
SUO 81, 151

【T】

TAP 58
target analysis 78
TCA サイクル 152
TCF7L2 .... 34, 41, 44
thrifty gene 44
TRA 52, 152
transcriptome 54, 152
tRNA 適合指数 61, 152
TSS 46, 152

【U】

UCP 42, 153
UGT1A1*28 118
UMLS 83
uncoupling 74
upper ontology 90

【V】

virtual population 118

【W】

WGTP 26, 153
www 81, 153

【X】

X 染色体の不活化 153

【Y】

Y2H 58, 154

【ギリシャ文字】

β 3 アドレナリン受容体
 .... 42, 136
β 3 AR 42, 136
β 酸化 136
χ^2 検定 34, 151

―― 著者略歴 ――

小長谷　明彦（こながや　あきひこ）
1980 年　東京工業大学大学院理工学研究科修士課程修了（情報科学専攻）
1995 年　博士（工学）（東京工業大学）
現在，東京医科歯科大学特任教授，東京工業大学非常勤講師

バイオ情報学
―― パーソナルゲノム解析から生体シミュレーションまで ――
Bioinformatics
―― from Personal Genomics to Biomedical Simulation ――

　　　　　　　　　　　　　　　　　© 社団法人　電子情報通信学会　2009

2009 年 6 月 30 日　初版第 1 刷発行

検印省略	編　　者	社団法人 電子情報通信学会 http://www.ieice.org/
	著　　者	小　長　谷　明　彦
	発 行 者	株式会社　コロナ社 代 表 者　牛来辰巳

112-0011　東京都文京区千石 4-46-10
発行所　株式会社　コロナ社
CORONA PUBLISHING CO., LTD.
Tokyo Japan　　Printed in Japan
振替 00140-8-14844・電話(03) 3941-3131(代)

http://www.coronasha.co.jp

ISBN 978-4-339-01883-7
印刷：壮光舎印刷／製本：グリーン

無断複写・転載を禁ずる
落丁・乱丁本はお取替えいたします

電子情報通信レクチャーシリーズ

■(社)電子情報通信学会編　　　(各巻B5判)

共　通

配本順			書名	著者	頁	定価
A-1			電子情報通信と産業	西村 吉雄 著		
A-2	(第14回)		電子情報通信技術史 ―おもに日本を中心としたマイルストーン―	「技術と歴史」研究会編	276	4935円
A-3			情報社会と倫理	辻井 重男 著		
A-4			メディアと人間	原島 博 北川 高嗣 共著		
A-5	(第6回)		情報リテラシーとプレゼンテーション	青木 由直 著	216	3570円
A-6			コンピュータと情報処理	村岡 洋一 著		
A-7	(第19回)		情報通信ネットワーク	水澤 純一 著	192	3150円
A-8			マイクロエレクトロニクス	亀山 充隆 著		
A-9			電子物性とデバイス	益 一哉 著		

基　礎

B-1			電気電子基礎数学	大石 進一 著		
B-2			基礎電気回路	篠田 庄司 著		
B-3			信号とシステム	荒川 薫 著		
B-4			確率過程と信号処理	酒井 英昭 著		
B-5			論理回路	安浦 寛人 著		
B-6	(第9回)		オートマトン・言語と計算理論	岩間 一雄 著	186	3150円
B-7			コンピュータプログラミング	富樫 敦 著		
B-8			データ構造とアルゴリズム	今井 浩 著		
B-9			ネットワーク工学	仙田 正和 石村 裕 中野 敬介 共著		
B-10	(第1回)		電磁気学	後藤 尚久 著	186	3045円
B-11	(第20回)		基礎電子物性工学 ―量子力学の基本と応用―	阿部 正紀 著	154	2835円
B-12	(第4回)		波動解析基礎	小柴 正則 著	162	2730円
B-13	(第2回)		電磁気計測	岩﨑 俊 著	182	3045円

基　盤

C-1	(第13回)		情報・符号・暗号の理論	今井 秀樹 著	220	3675円
C-2			ディジタル信号処理	西原 明法 著		
C-3			電子回路	関根 慶太郎 著		
C-4	(第21回)		数理計画法	山下 信雄 福島 雅夫 共著	192	3150円
C-5			通信システム工学	三木 哲也 著		
C-6	(第17回)		インターネット工学	後藤 滋樹 外山 勝保 共著	162	2940円
C-7	(第3回)		画像・メディア工学	吹抜 敬彦 著	182	3045円
C-8			音声・言語処理	広瀬 啓吉 著		
C-9	(第11回)		コンピュータアーキテクチャ	坂井 修一 著	158	2835円

配本順				頁	定価
C-10		オペレーティングシステム	徳田英幸 著		
C-11		ソフトウェア基礎	外山芳人 著		
C-12		データベース	田中克己 著		
C-13		集積回路設計	浅田邦博 著		
C-14		電子デバイス	和保孝夫 著		
C-15	(第8回)	光・電磁波工学	鹿子嶋憲一 著	200	3465円
C-16		電子物性工学	奥村次徳 著		

展開

D-1		量子情報工学	山崎浩一 著		
D-2		複雑性科学	松本隆 編著		
D-3	(第22回)	非線形理論	香田徹 著	208	3780円
D-4		ソフトコンピューティング	山川烈／堀尾恵一 共著		
D-5	(第23回)	モバイルコミュニケーション	中川正雄／大槻知明 共著	176	3150円
D-6		モバイルコンピューティング	中島達夫 著		
D-7		データ圧縮	谷本正幸 著		
D-8	(第12回)	現代暗号の基礎数理	黒澤馨／尾形わかは 共著	198	3255円
D-9		ソフトウェアエージェント	西田豊明 著		
D-10		ヒューマンインタフェース	西田正吾／加藤博一 共著		
D-11	(第18回)	結像光学の基礎	本田捷夫 著	174	3150円
D-12		コンピュータグラフィックス	山本強 著		
D-13		自然言語処理	松本裕治 著		
D-14	(第5回)	並列分散処理	谷口秀夫 著	148	2415円
D-15		電波システム工学	唐沢好男 著		
D-16		電磁環境工学	徳田正満 著		
D-17	(第16回)	VLSI工学―基礎・設計編―	岩田穆 著	182	3255円
D-18	(第10回)	超高速エレクトロニクス	中村徹／三島友義 共著	158	2730円
D-19		量子効果エレクトロニクス	荒川泰彦 著		
D-20		先端光エレクトロニクス	大津元一 著		
D-21		先端マイクロエレクトロニクス	小柳光正／田中徹 共著		
D-22		ゲノム情報処理	高木利久／小池麻子 編著		
D-23	(第24回)	バイオ情報学 ―パーソナルゲノム解析から生体シミュレーションまで―	小長谷明彦 著	172	3150円
D-24	(第7回)	脳工学	武田常広 著	240	3990円
D-25		生体・福祉工学	伊福部達 著		
D-26		医用工学	菊地眞 編著		
D-27	(第15回)	VLSI工学―製造プロセス編―	角南英夫 著	204	3465円

定価は本体価格+税5%です。
定価は変更されることがありますのでご了承下さい。

図書目録進呈◆

電子情報通信学会 大学シリーズ

(各巻A5判,欠番は品切です)

■(社)電子情報通信学会編

配本順				頁	定価
A-1	(40回)	応用代数	伊藤 理正 悟 夫 共著	242	3150円
A-2	(38回)	応用解析	堀内 和夫 著	340	4305円
A-3	(10回)	応用ベクトル解析	宮崎 保光 著	234	3045円
A-4	(5回)	数値計算法	戸川 隼人 著	196	2520円
A-5	(33回)	情報数学	廣瀬 健 著	254	3045円
A-6	(7回)	応用確率論	砂原 善文 著	220	2625円
B-1	(57回)	改訂 電磁理論	熊谷 信昭 著	340	4305円
B-2	(46回)	改訂 電磁気計測	菅野 允 著	232	2940円
B-3	(56回)	電子計測(改訂版)	都築 泰雄 著	214	2730円
C-1	(34回)	回路基礎論	岸 源也 著	290	3465円
C-2	(6回)	回路の応答	武部 幹 著	220	2835円
C-3	(11回)	回路の合成	古賀 利郎 著	220	2835円
C-4	(41回)	基礎アナログ電子回路	平野 浩太郎 著	236	3045円
C-5	(51回)	アナログ集積電子回路	柳沢 健 著	224	2835円
C-6	(42回)	パルス回路	内山 明彦 著	186	2415円
D-2	(26回)	固体電子工学	佐々木 昭夫 著	238	3045円
D-3	(1回)	電子物性	大坂 之雄 著	180	2205円
D-4	(23回)	物質の構造	高橋 清 著	238	3045円
D-5	(58回)	光・電磁物性	多田 邦雄 松本 俊 共著	232	2940円
D-6	(13回)	電子材料・部品と計測	川端 昭 著	248	3150円
D-7	(21回)	電子デバイスプロセス	西永 頌 著	202	2625円
E-1	(18回)	半導体デバイス	古川 静二郎 著	248	3150円
E-2	(27回)	電子管・超高周波デバイス	柴田 幸男 著	234	3045円
E-3	(48回)	センサデバイス	浜川 圭弘 著	200	2520円
E-4	(36回)	光デバイス	末松 安晴 著	202	2625円
E-5	(53回)	半導体集積回路	菅野 卓雄 著	164	2100円
F-1	(50回)	通信工学通論	畔柳 功 塩谷 芳光 共著	280	3570円
F-2	(20回)	伝送回路	辻井 重男 著	186	2415円

番号	(回数)	書名	著者	頁	価格
F-4	(30回)	通信方式	平松啓二著	248	3150円
F-5	(12回)	通信伝送工学	丸林元著	232	2940円
F-7	(8回)	通信網工学	秋山稔著	252	3255円
F-8	(24回)	電磁波工学	安達三郎著	206	2625円
F-9	(37回)	マイクロ波・ミリ波工学	内藤喜之著	218	2835円
F-10	(17回)	光エレクトロニクス	大越孝敬著	238	3045円
F-11	(32回)	応用電波工学	池上文夫著	218	2835円
F-12	(19回)	音響工学	城戸健一著	196	2520円
G-1	(4回)	情報理論	磯道義典著	184	2415円
G-2	(35回)	スイッチング回路理論	当麻喜弘著	208	2625円
G-3	(16回)	ディジタル回路	斉藤忠夫著	218	2835円
G-4	(54回)	データ構造とアルゴリズム	斎藤信男 西原清二 共著	232	2940円
H-1	(14回)	プログラミング	有田五次郎著	234	2205円
H-2	(39回)	情報処理と電子計算機（「情報処理通論」改題新版）	有澤誠著	178	2310円
H-3	(47回)	電子計算機Ⅰ ─基礎編─	相磯秀夫 松下温 共著	184	2415円
H-4	(55回)	改訂電子計算機Ⅱ ─構成と制御─	飯塚肇著	258	3255円
H-5	(31回)	計算機方式	高橋義造著	234	3045円
H-7	(28回)	オペレーティングシステム論	池田克夫著	206	2625円
I-3	(49回)	シミュレーション	中西俊男著	216	2730円
I-4	(22回)	パターン情報処理	長尾真著	200	2400円
J-1	(52回)	電気エネルギー工学	鬼頭幸生著	312	3990円
J-3	(3回)	信頼性工学	菅野文友著	200	2520円
J-4	(29回)	生体工学	斎藤正男著	244	3150円
J-5	(59回)	新版画像工学	長谷川伸著	254	3255円

以下続刊

- C-7 制御理論
- F-3 信号理論
- G-5 形式言語とオートマトン
- J-2 電気機器通論
- D-1 量子力学
- F-6 交換工学
- G-6 計算とアルゴリズム

定価は本体価格+税5％です。
定価は変更されることがありますのでご了承下さい。

図書目録進呈◆